电力生产安全技术

（第2版）

供用电技术专业建设委员会　组编

主　编　杨　璨　韩宏亮　向婉芹

副主编　张文福

参　编　杨孝华　陈乙源　朱铁军　周祖富

　　　　景　尉　冯彩绒　胡志强　涂桂花

　　　　赵李鹏　兰　雄

重庆大学出版社

内容提要

本书以项目为驱动,采用工学结合的模式,不仅注重理论知识的学习与积累,而且引入行业、企业的规程和规范。全书共6个项目12个任务,内容为电力安全概论、人身触电及防护、变配电所的安全运行、电气安全工作制度、安全用具的使用与保管、电气防火与防爆等。

除此之外,每个项目后均配备自测题、案例分析与小组操作,供读者自检学习效果,拓展知识层面,加深读者的理解与印象。

本书可供高等职业技术学院、成人学校供用电技术专业的学生学习,也可作为从事电力企业电力营销、变电运行、配电运行与检修岗位及社会电工等相关专业选用的参考书籍。

图书在版编目(CIP)数据

电力生产安全技术 / 杨瓅,韩宏亮,向婉芹主编
. -- 2 版. -- 重庆 : 重庆大学出版社,2021.8(2024.7 重印)
国家骨干高职院校教材
ISBN 978-7-5624-9355-6

Ⅰ.①电⋯ Ⅱ.①杨⋯ ②韩⋯ ③向⋯ Ⅲ.①电力工业—安全技术—高等职业教育—教材 Ⅳ.①TM08

中国版本图书馆 CIP 数据核字(2021)第 157617 号

电力生产安全技术
(第 2 版)

供用电技术专业建设委员会 组编
主 编 杨 瓅 韩宏亮 向婉芹
副主编 张文福
责任编辑:周 立 版式设计:周 立
责任校对:张红梅 责任印制:张 策

*

重庆大学出版社出版发行
出版人:陈晓阳
社址:重庆市沙坪坝区大学城西路 21 号
邮编:401331
电话:(023) 88617190 88617185(中小学)
传真:(023) 88617186 88617166
网址:http://www.cqup.com.cn
邮箱:fxk@ cqup.com.cn(营销中心)
全国新华书店经销
重庆高迪彩色印刷有限公司印刷

*

开本:787mm×1092mm 1/16 印张:10.5 字数:262 千
2015 年 8 月第 1 版 2021 年 8 月第 2 版 2024 年 7 月第 8 次印刷
印数:14 001—16 000
ISBN 978-7-5624-9355-6 定价:39.80 元

第2版前言

　　本套校本教材是重庆电力高等专科学校国家骨干重点建设专业项目——供用电技术专业建设的成果,是校企合作的产物,是优质核心课程建设的配套教材。

　　本书编写思路与"建立工作过程化课程体系"的职业教育课程改革方向相一致,主要体现职业教育规律,满足企业岗位需求,符合学生就业要求。

　　本书由专业建设委员会领头,专兼结合组成教材编写小组。是根据教育部关于国家示范性高等职业院校示范专业建设的要求,在对供用电技术专业学生就业岗位群(包括电力企业电力营销、变电运行、配电运行与检修岗位及社会电工)主要工作任务充分调研的基础上,以电力作业安全为引领,以项目为驱动,采用工学结合模式,突出电力安全知识及技能的学习和培养,强调从专业能力、方法能力和社会能力等多方面塑造人才。教材不仅注重理论知识的学习与积累,而且注意引入行业、企业的规程和规范,操作过程强调作业的安全性以及与规范的一致性。本书根据供用电技术岗位群的典型工作任务设计了多项学习任务,营造真实的学习情境,内容丰富。学生通过任务的实施,可将理论与实际联系起来,并在实践中触发学生的积极思考,从而加深学生对理论以及规程、规范的理解和掌握。

　　本书详细阐述了与电力安全作业紧密相关的6个项目12个任务中的学习目标、任务描述、任务资料、任务操作和任务实施评价5个方面。每个项目后均配备自测题、案例分析与小组操作,供读者自检学习效果,拓展知识层面,加深理解与印象。

本书在编排上力求目标明确、操作性强、文字简练、图文并茂、通俗易懂。

由于本书采用新的体例，缺点和不足在所难免。在具体教学实践中，我们会不断完善和修改，并期待领导、专家及同行批评指正，更希望本校教师创造性的使用，使本套教材更加充实和完善，更加体现我校的特色。

编　者
2021 年 4 月

目 录

项目 1

电力安全概论

任务　触电电流计算

学习要点

➤ 影响电对人体伤害程度的因素
➤ 中性点直接接地系统触电电流的计算
➤ 中性点不接地系统触电电流的计算

【基本内容】

1.1　安全用电的意义

在电力生产中,安全有着3个方面的含义:

①确保人身安全,杜绝人身伤亡事故;

②确保设备安全,保证设备正常可靠运行;

③确保电网安全,消灭电网大面积停电事故。

电力安全生产的基本方针是:安全第一,预防为主。

电力安全生产的重要性:

①整体性:发电、输电、配电和用户组成一个统一的电网运行系统,任何一个环节出现事故,都会影响整个电网的安全稳定运行。可能造成电厂停电,引起设备损坏,人身伤亡事故。

②同时性:严重的事故则会使电网运行中断,甚至导致电网的崩溃和瓦解,造成长时间、大面积停电,给工农业生产和人民生活造成很大的影响。对有些重要的负荷(如采矿企业、医院等),可能会产生更严重的后果。

1.2　电对人体的伤害

电对人体的伤害分两类,即电击和电伤。

1)电击

电流通过人体时所造成的内部伤害,它会破坏人的心脏、呼吸及神经系统的正常工作,甚至危及生命,并在人体留下以下3个特征:

①电标:在电流出入口处所产生的革状或炭化标记。

②电纹:电流通过表面,在其出入口间产生的树枝状不规则发红线条。

③电流斑:电流在皮肤表面出入口处所产生的大小溃疡。

统计资料表明,大部分触电死亡事故都是由于电击造成的。

电击可分为直接电击和间接电击。

①直接电击:人体直接触及正常运行的带电体所发生的电击。可能发生的情况有误触其他带电设备、误触闸刀、误触相线等。

②间接电击:电气设备发生故障后,人体触及意外带电部分所发生的电击。可能发生的情况有:大风刮断架空线或接户线后,断线搭落到金属物上、相线和电杆拉线搭连、用电设备的线圈绝缘损坏而引起外壳带电等情况。

2)电伤

电流通过人体时所造成的外部伤害。电伤可分为电弧烧伤(电灼伤)、皮肤金属化、电烙印。

①电弧烧伤:电弧烧伤是由电流的热效应引起的。电弧烧伤通常发生的情况有低压系统带负荷(特别是感性负荷)拉开裸露的闸刀开关时电弧烧伤人的手和面部、线路发生短路或误操作引起短路、高压系统因误操作产生强烈电弧导致严重烧伤。

②电烙印:当载流导体较长时间接触人体时,因电流的化学效应和机械效应作用,接触部分的皮肤会变硬并形成圆形或椭圆形的肿块痕迹,如同烙印一样,故称电烙印。

③皮肤金属化:由电弧或电流作用产生的金属微粒渗入人体皮肤表层而引起的,使皮肤变得粗糙坚硬并呈特殊颜色(多为青黑色或褐红色),故称为皮肤金属化。

皮肤金属化与电烙印一样对人体都是局部伤害,且大多数情况下会慢慢地逐渐自然褪色。

1.3　电对人体伤害程度的影响因素

电对人体伤害程度与通过人体电流的大小、电流通过人体持续的时间、电流的频率、电流通过人体的途径、作用于人体的电压、人体的状况等多种因素有关,而且各因素之间,特别是电流大小与作用的时间之间有着密切的关系。

1)与电流大小的关系

通过人体的电流越大,人体的生理反应越明显、感觉越强烈,引起心室颤动所需要的时间越短,致命的危害就越大。

①感知电流:引起人的感觉(如麻、刺、痛)的最小电流。

②成年男性,工频电的感知电流的有效值为1.1 mA,直流5 mA;成年女性,工频电感知电流的有效值约为0.7 mA,直流约为3.5 mA。感知电流一般不会造成伤害。对于10 kHz高频电流,成年男子平均感知电流约为12 mA,成年女子约为8 mA。

③摆脱电流:当电流增大到一定程度,触电者将因肌肉收缩、发生痉挛而紧抓带电体,将不能自行摆脱电源,触电后能自主摆脱电源的最大电流称为摆脱电流。

摆脱电流与个体生理特征、电极形状、电极尺寸等有关。对于工频电流的有效值,摆脱概率为50%时,成年男子和成年女子的摆脱电流约为16 mA和10.5 mA;摆脱电源的能力将随着触电时间的延长而减弱,一旦触电后不能及时摆脱电源,后果将十分严重。

感知电流和摆脱电流概率曲线图,如图1.1所示。

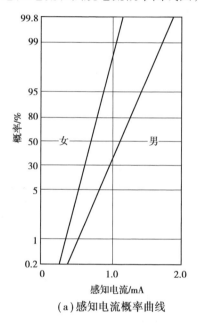

(a)感知电流概率曲线

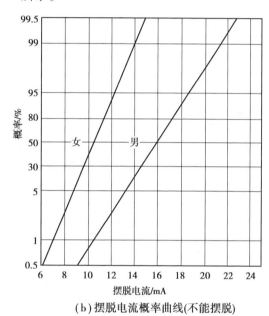

(b)摆脱电流概率曲线(不能摆脱)

图1.1　感知电流和摆脱电流概率曲线图

④致命电流:在较短时间内会危及生命的电流称为致命电流。

在心室颤动状态下,心脏每分钟颤动800~1 000次以上,振幅很小,无规则;一旦发生心室颤动,数分钟内就可能致命。室颤电流是电击致死的主要原因。电流直接作用于心脏或者通过中枢神经系统的反射作用,均可能引起室颤电流。图1.2为室颤电流的"Z"形曲线。

当电流持续时间超过人体心脏搏动周期时,人体室颤电流约为50 mA,当电流持续时间短于人体心脏搏动周期时,人体室颤电流为几百毫安。

致命电流大小与电流作用于人体时间的长短有关,作用时间越长,越容易引起心室颤动,危险性也就越大。

⑤人体允许电流:通常把摆脱电流看成是人体允许电流。这是因为,在摆脱电流范围内,人若被电击后一般能自主地摆脱带电体,从而解除生命危险。若发生人手碰触带电导线而触电时,常会出现紧握导线丢不开的现象,这是由于电流的刺激作用,使该部分肌体发

3

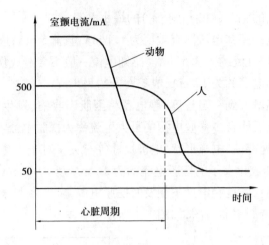

图 1.2 室颤电流的"Z"形曲线

生了痉挛而使肌肉收缩的缘故,是电流通过人手时所产生的生理作用引起的,增大了摆脱电源的困难。

2)伤害程度与电流时间的关系

电流作用时间越长,能量积累增加,室颤电流减小,作用的时间越长,与该特定相位重合的可能性越大,室颤的可能性越大,危险性越大。

若作用时间短促,只有在心脏搏动周期的特定相位上才可能引起室颤。若作用时间越长,受电击的危险性也随之增加。作用的时间越长,人体电阻就会因为皮肤角质层遭破坏或出汗等原因而降低,导致通过的电流进一步增大。

3)伤害程度与电流途径的关系

致人死亡的情况绝大多数都是电流刺激人体心脏纤维性颤动致死。电流从手到脚以及从一只手到另一只手(其中尤以从左手到脚)时,触电的伤害最为严重,电流纵向通过人体,比横向通过时更易发生室颤,故危险性更大。不同途径下流经心脏电流的比例见表 1.1。

表 1.1 不同途径下流经心脏电流的比例

电流流过人体的途径	通过心脏的电流占通过人体总电流的比例/%
从一只手到另一只手	3.3
从左手到脚	6.7
从右手到脚	3.7
从一只脚到另一只脚	0.4

4)伤害程度与频率的关系

频率在 30~300 Hz 的交流电最容易引起人体室颤。在此范围外,频率越高或者越低,对人体的伤害程度反而会相对小一些。同样电压的交流电,其危险性比直流电更大一些。各种频率的死亡率见表1.2。

表 1.2 各种频率的死亡率

频率/Hz	10	25	50	60	80	100	120	200	500	1 000
死亡率/%	21	70	96	91	43	34	31	22	14	11

5) 伤害程度与电压的关系

当人体电阻一定时,作用于人体的电压越高,通过人体的电流就越大。因为,随着电压的升高,人体电阻因皮肤受损破裂而下降,致使通过人体的电流迅速增加,从而对人体产生更加严重的伤害。但是,通过人体电流的大小并不与作用于人体上的电压成正比。

人体触电时,当触电电压一定,流过人体的电流由人体的电阻值决定,人体电阻越小,流过人体的电流越大,危险也越大。

人体电阻由人体内部电阻和皮肤电阻组成。人体内部电阻比较稳定,为 500～800 Ω,但人体电阻不是固定不变的,如果角质层有破损,则人体电阻将会减小,一般为 800～1 000 Ω。

影响人体电阻的因素:除皮肤厚薄外;清洁、干燥的皮肤较潮湿、多汗的皮肤电阻值高,有损伤的皮肤会降低人体电阻;接触电压增高,会击穿角质层并增加肌体电解,会降低人体电阻;人体电阻会随电源频率的增大而降低;触电面积大,电流作用时间长会增加发热出汗,从而降低人体电阻值。不同条件下的人体电阻见表1.3。

表 1.3 不同条件下的人体电阻

接触 电压/V	人体电阻/Ω			
	皮肤干燥	皮肤潮湿	皮肤湿润	皮肤浸入水中
10	7 000	3 500	1 200	600
25	5 000	2 500	1 000	500
50	4 000	2 000	875	440
100	3 000	1 500	770	375
250	1 500	1 000	650	325

1.4 人体触电方式

人体触电方式有:单相触电、两相触电、跨步电压触电、接触电压触电和雷击触电。

1) 单相触电

对于高压带电体,人体虽未直接接触,但如间距小于安全距离,高电压对人体放电,造成单相接地而引起的触电,也属于单相触电(见图1.3)。单相触电包括两种:中性点直接接地电网中的单相触电和中性点不直接接地电网中的单相触电。

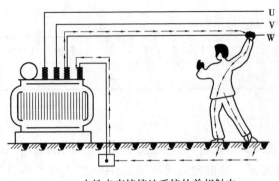

(a)中性点直接接地系统的单相触电　　　　　(b)中性点不接地系统的单相触电

图 1.3　单相触电

a)中性点直接接地电网中的单相触电

假设人体与大地接触良好,土壤电阻可以忽略不计,由于人体电阻比中性点工作接地电阻大得多,加在人体的电压几乎等于电网相电压,这时流过人体的电流为:

$$I_r = \frac{U_\varphi}{R_r + R_c}$$

式中　U_φ——相电压;

　　　R_r——人体电阻;

　　　R_c——中性点工作接地电阻。

结论:单相触电取决于相电压和回路电阻。

【例1.1】　380/220 V 三相四线制系统,$U_\varphi = 220$ V,$R_c = 4\ \Omega$,$R_r = 1\ 000\ \Omega$,求当发生单相触电时,流过人体的电流。

【解】　该系统发生单相触电时,流过人体的电流

$$I_r = \frac{U_\varphi}{R_r + R_c} = \frac{220}{1\ 000 + 4} = 219\ (\text{mA})$$

则该值已大大超过人体能够承受的能力,足以致命。

b)中性点不接地电网中的单相触电

中性点不接地电网中的单相触电电流与通过人体的电流与线路的绝缘电阻和对地电容有关,如图 1.4 所示。

在低压电网中,对地电容很小,通过人体的电流主要取决于线路绝缘电阻,正常情况下,设备的绝缘电阻相当大,通过人体的电流很小,一般不造成对人体的伤害,但当线路绝缘性能下降时,单相触电对人的危害仍然存在。电流的大小取决于线电压、人体电阻和线路对地阻抗。

而在高压中性点不接地电网中(特别是对地电容较大的电缆线路上),线路对地电容较大,通过人体的电容电流,将会危及触电者安全。

中性点不接地系统中,不能误认为单相触电时没有明显的导电体形成通电回路,对人体威胁不大而产生疏忽大意的思想。W 相通过空气对地绝缘的部分与人体并联,等值电路如图1.4(a)所示。

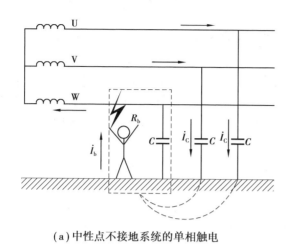

（a）中性点不接地系统的单相触电

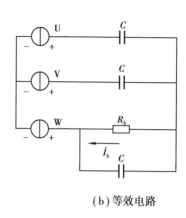

（b）等效电路

图 1.4　单相触电

假设三相电网对称,且忽略电网各相的纵向参数,根据戴维南定律可得的单相触电时等效电路如图 1.4(b)所示。

则加在人体上的电压为:

$$U_b = \frac{3R_b}{|3R_b + Z|}U_\varphi$$

流过人体的电流为:

$$I_b = \frac{3U_\varphi}{|3R_b + Z|}$$

式中　Z——系统每相对地复阻抗,为每相对地绝缘电阻 R_b 与对地容抗 X_C 的并联值,Ω。

【例1.2】　某 380 V 三相三线中性点不接地系统,由数千米长的电缆线路供电,已知系统对地阻抗 $Z \approx X_C = 10\ 000\ \Omega$,该系统有人触及一相带电导线,试计算流过人体的电流。人体电阻取 1 000 Ω。

【解】　系统相电压

$$U_\varphi = \frac{U_1}{\sqrt{3}} = \frac{380}{\sqrt{3}} = 220\ （V）$$

发生单相触电时,流过人体的电流:

$$I_r = \frac{3U_\varphi}{|3R_r + Z|} = \frac{3 \times 220}{\sqrt{(3 \times 1\ 000)^2 + 10\ 000^2}} = 63.2\ （mA）$$

2)两相触电

两相触电时(见图 1.5),作用于人体上的电压为线电压,电流将从一相导线经人体流入另一导体,以 380/220 V 为例,这时加与人体的电压为 380 V,若人体按照 1 700 Ω 考虑,即流过人体内的电流将达 224 mA。电流的大小取决于线电压和回路电阻。

仅通过人体电阻

图 1.5　两相触电

3)跨步电压触电

跨步电压:人站在流过电流的大地上,加于人的两脚之间的电压。人的跨步距离一般按0.8 m考虑。

当电气设备或带电导线发生接地故障,接地电流通过接地点向大地流散,以接地点为圆心,在地面上形成若干个同心圆的分布电位,离接地点越近,地面电压越高。通常认为至距离接地体20 m处,大地电位为零。由跨步电压引发的触电称为跨步电压触电,如图1.6所示。

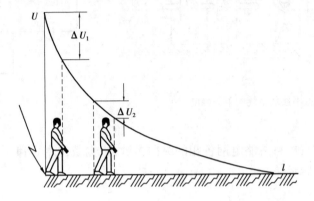

图1.6 人体距接地体位置不同时,跨步电压变化曲线

发生跨步电压触电时,脱离跨步电压采用双脚并拢或单脚跳离跨步电压区。

规程规定:高压设备发生接地时,室内不得接近故障点4 m以内,室外不得接近故障点8 m以内。

4)接触电压触电

接触电压:人接触与接地装置相连的电工设备外壳等接触处和人站立点间的电位差(见图1.7)。电流通过接地装置时,大地表面会形成以电流入地点为中心的分布电位,距电流入

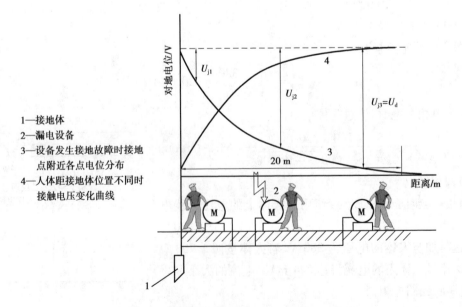

1—接地体
2—漏电设备
3—设备发生接地故障时接地点附近各点电位分布
4—人体距接地体位置不同时接触电压变化曲线

图1.7 距接地体位置不同时,接触电压变化曲线

地点越近,电位越高。

当设备发生漏电故障时,以接地点为中心的大地表面约 20 m 半径的圆形范围内,便形成了一个电位分布区。当人体处于这一范围又同时触及漏电设备的外壳(或构架)时,人体承受的电压差便称为接触电压。由接触电压引发的触电称为接触电压触电。实际中应尽量避免多台设备共用接地线的现象。

5)雷击触电

雷击触电:雷电时发生的触电现象。它是一种特殊的触电方式。

雷击感应电压高达几十至几百万伏,其能量可把建筑摧毁,使可燃物燃烧,将用电设备击穿、烧毁、造成人身伤亡。

1.5 触电事故的成因

1)缺乏电气安全知识

例如,攀爬高压线杆及高压设备,不明导线用手误抓误碰,夜间缺少应有的照明就带电作业,带电体任意裸露,随意摆弄电器。

2)违反操作规程

例如,带电拉隔离开关,检修时带电作业,在高压线路上违章建筑,带电维修电动工具,湿手带电作业。

3)设备不合格

例如,与高压线间的安全距离不够,电力线与广播线同杆近距离架设,设备超期使用因老化导致泄漏电流增大。

4)维修管理不善

例如,架空线断线不能及时处理,设备损坏不能及时更换。

1.6 发生触电事故的一般规律

1)具有明显的季节性

一般以二、三季度事故发生较多,6—9 月最集中。

2)低压触电多于高压触电

低压设备多,低压电网广,与人接触机会较多。低压设备简陋管理不严,多数群众缺乏安全意识。

3)农村事故多于城市

农村用电条件差,设备简陋,技术水平低,电气安全知识缺乏。

4)单相触电事故多

各类事故中,单相触电占触电事故的 70% 以上。

5)事故点多在电气联结部位

电气"事故点"多出在分支线,接户线的接线端或者电线接头,以及开关、灯头、插座等出现短路、闪弧或漏电等情况。

事故都由以上两个因素构成,主要因素如下:缺乏电气安全知识、违反操作规程、设备不合格、维修管理不善。

6）行业特点

冶金、矿业、建筑、机械等行业，由于潮湿、高温、生产现场混杂、现场金属设备多等不利因素，相对发生触电事故的次数也较多。

7）中、青年居多

中、青年多数是主要操作者，且大都接触电气设备并有一定的工龄，不再如初学者那么小心谨慎，但经验不足，电气安全知识较欠缺。

1.7 防止发生用电事故的主要对策

1）思想重视

大量的事故都是具有重复性和频发性，比如，误操作、运行维护不当造成的事故等。

只要思想重视，树立"安全第一"认真从各类用电事故中吸取教训，采取切实措施，这类用电事故是可以避免的。

2）措施落实

①坚决贯彻执行国家以及各地区电力部门颁布的有关规程，各用电企业应依据这些规程来制定现场规程；

②严格执行有关电气设备的检修、试验和清扫周期的规定，对发现的各种缺陷要及时消除；

③通过技术培训、现场演练和反事故演习等方式，提高电工的技术、业务水平。

3）组织保证

电力部门要加强用电检查机构，充实用电检查力量，不断提高检查人员的技术业务水平。用电检查人员应根据国家和电力部门颁发的各项规章制度以及规程，监督、检查、指导和帮助用电单位做好安全用电工作。

【案例分析】

［案例1.1］ 某供电企业线路施工倒杆伤人事故

事故背景资料：

1998年10月，××电力开发总公司送电公司线路检修班承担了110 kV竹园牵引站至110 kV大沙线"T"接点新建线路的施工任务。22日的施工任务是对该线路5号杆立杆。5号杆是一直线杆，设计形式为ZGl—11.35，杆高15 m，设计埋深1 m，该杆所处地形较为复杂，上坡地面坡度约为15°，地形成鱼脊状。

21日晚，线路检修班班长刘××（施工负责人）召集全体施工人员对本次立杆工作危险点及施工中采取的安全措施进行了讲解。22日13时左右，两根电杆的立杆工作均已完成，其中，A杆用5根临时拉线进行固定，B杆用4根临时拉线进行固定。

在稍事休息后，15时左右又继续施工，工作负责人刘××安排杨××、王××上杆装横担，其他人员在地面制作拉线，杨××嫌王××是新手，不熟练，就要求何××（死者）一起上杆装横担。工作负责人刘××对此未提出异议。工作人员王××在上杆途中，几次要求工作负责人安排民工回填杆基,但刘××一直未安排(事后刘××讲"由于杆上有人工作,杆下叫民工回填杆根土,怕上面掉东西砸伤民工")。16 时左右,已做好了两根正式拉线。何××、王××、杨××分别在杆上调整吊杆,悬挂其余的拉线。

工作负责人刘××为了赶时间,便叫民工将后尾绳的两根临时拉线拆掉,将地桩取出。民工行为被现场作业人员卢××制止后,又来问刘××,山下的拉线拆不拆,刘××看也没看,便脱口说道:"拆两根",但没有指明拆哪两根。说完就去安排民工收拾绞磨的钢丝绳了。几分钟后,突然听见横担上工作的何××大叫"倒杆了"。这时只见一民工手握 A3 临时拉线往后拉,刘××也急忙上前拉住临时拉线,大喊"拉不住了"。只见"∏"型杆慢慢向上山方向偏移后逐渐加速倒下。

事故后,发现 B2、A2、A3 3 根临时拉线均被拆掉。倒杆前何××在横担上调整吊杆,杨××(轻伤)和王××(轻伤)在横担下装拉线,三人随电杆一起倒下,何××经送往青川县竹园中心医院抢救无效死亡。

事故暴露的主要问题及违反规程的相关条款:

(1)施工作业现场指挥违反《电力安全工作规程》(电力线路部分)第 6.5.11 条"临时拉线应在永久拉线全部安装完毕承力后方可拆除"和《电力建设安全工作规程》(架空线路部分)第 167 条的规定,而是为了抢时间,在永久拉线未做好的前提下就令拆临时拉线、取地桩。

(2)工作现场负责人未严格执行规章制度,使开工前制定的"安全、技术、组织措施"没有在施工过程得到贯彻,在工作快结束时,为了抢进度违章指挥。

(3)工作人员未按照《电力安全工作规程》(电力线路部分)第 6.5.12 条"已经立起的杆塔,回填夯实后方可拆去拉线,杆基未完全夯实牢固和拉线杆塔在拉线未制作完成前,严禁攀登",而是基础未回填夯实前就登杆作业。

(4)工作人员自我保护意识不强。上杆前已经清楚了危险点(杆基未回填),却对工作负责人的违章指挥不反对,盲目执行。工作班其他成员未按照《电力安全工作规程》(电力线路部分)第 2.3.11.5 条的规定"在作业过程中相互关心施工安全",对工作负责人的指挥也是盲从,有人在杆上就拆除临时拉线。

应吸取的事故教训:

(1)立杆组塔已编制了施工"三措",就应严格按"三措"进行施工,杜绝为赶时间置"三措"而不顾,违章指挥。

(2)作业现场严格执行规程制度,电杆未回填夯实前严禁登杆,永久拉线未做好前严禁拆临时拉线。

(3)工作人员应有强烈的"三不伤害"意识,对临时民工应进行作业前的安全教育和安全交底。

针对事故应采取的预防措施:

(1)加强作业现场的全过程安全管理,杜绝将安全工作只停留在工作前的交代,而忽视作业中的贯彻落实;当生产与安全、进度与安全发生矛盾时应以安全为先。

(2)编制作业工序卡、规范作业流程,上一工序未完杜绝下一工序的开工。对于杆塔组立施工,在杆基未回填夯实之前严禁登杆,在正式拉线未完全做好之前,严禁拆除临时拉线。

（3）开展"三不伤害"的安全意识教育和技能培训，重点抓好"三种人"的培训，提高关键岗位人员的工作责任心、安全技能、安全意识；提高工作负责人安全、正确组织施工的能力，提高作业班组人员相互关心施工安全的责任心。

（4）规范对民工的安全管理，对新参加作业的民工必须经安全教育后，方可参加工作，且应设监护人，不得单独工作。

［案例1.2］　××电业局2004年3月13日触电人身死亡事故

事故经过及原因：

2004年3月7日，原××电业局××供电局线路班班长喻××向乐山电业局调度办理［仁字#6］停电申请。工作任务：35 kV观仁线大修。计划停电时间为3月10日—3月14日，电业局调度室张××回电同意观仁线3月10日—3月14日白天停电检修，晚上恢复供电，停送电联系人仁寿调度当日值班员。

线路班于11日开始检修工作（10日因停电时间太晚未工作）。13日8时5分，工作负责人喻××打电话给仁寿供电局值班员杨××，要求停观仁线，继续检修线路。杨××答："正在交接班，等会儿联系。"

8时15分，喻××又打电话与调度联系，当值何××回话："现7054站电话不通，你直接与7054站联系"，喻××打电话到7054站请值班员张××与何××联系断开主变501、901及511刀闸，8时55分，喻××在工班打电话问调度："7054站电停下来没有。"何××答："已停下来了，可以工作。"9时5分，线路班共计17人乘车前往检修。王××负责#62直线杆工作。

约9时44分，王××上杆系好安全带，手抓着横担准备双脚踩在导线上去擦悬瓶，当他左脚接触导线时，35 kV导线经过他的左脚、腹部、双手对地放电，并悬挂在横担上。王××触电时的强烈电弧被正在相邻#63杆、#65杆工作的同志看见，立即电话告诉调度观仁线有电，烧死人了，要求立即停电。10时10分，乐山电业局调度电告："35 kV观仁线已停电"。县医院救护车赶到现场，将王××从高空放下，王××全身严重烧伤，经确认已死亡。

线路带电的原因：35 kV观仁线可由35 kV观音站518开关供电，也可由110 kV仁寿站511开关供电，7054站为T接站，当日仁寿站511开关供电、观音站518开关停电。调度值班员何××认为工作班直接向乐山调度联系了停电事项，误认为观仁线已停电，只需断开7054站就行了。所以当得知7054站断开后就同意线路班可以工作了，造成人身触电事故。

事故暴露的主要问题及违反规程的相关条款：

（1）调度值班员责任心不强，对线路运行方式不清楚，未按《调度规程》认真审查停电申请书，对停送电的联系方式改变没写清楚没作任何异议。

（2）工班人员安全意识淡薄，严重违反《电力安全工作规程》（电力线路部分）第3.1条的规定，在没有验电、装设接地线的情况下就开始工作。

（3）调度室交接班制度没有认真落实，系统运行检修方式没有交接清楚即交班。

应吸取的事故教训：

（1）调度值班人员必须熟悉网络结构和线路运行方式，工作中的停电范围应全面掌握。

（2）停电申请书中停送电联系方式、人员应明确，并严格执行交接班制度。

（3）线路作业中必须严格执行规程,在作业地段两端必须严格按《电力安全工作规程》要求进行验电并挂保护接地线。

针对事故应采取的预防措施:

（1）完善调度室交接班制度,制定交接班标准卡,并严格执行,接班人员必须清楚当前电网、设备运行情况。

（2）严格执行工作票制度,工作前,工作负责人必须确认安全措施已做好,并向每位工班人员安全交底。

（3）进行安全思想教育,提高员工"三不伤害"意识,在电气设备上工作必须采取保证安全的组织措施和技术措施,每位工作班成员确认后方可作业。

［案例1.3］　×××电业局2006年8月6日人身伤亡事故

事故发生经过及原因:

2006年8月6日,×××电业局线路工区检修三班根据工作计划对10 kV炳四岔河线8基杆进行搬迁,工作负责人文××,工作班成员共13人。根据工作负责人的安排,工作班成员赵××负责#11～#25+1杆的松主线和解支线工作。工作班成员李×负责#11～#25杆松线工作,之后配合赵××完成拆除支线工作。赵××上杆松开了#11～#25+1杆主线后,李×在杆下配合进行解支线的工作。由于赵××所带的绳子不够长,李×去#11～#25杆拿绳索,赵××将安全带系在瓷横担支架与支线横担间继续进行解支线工作。

当赵××站在支线横担一端（支线横担同主线平行）时,电杆向线路大号侧慢慢倒下,在拉断同主线垂直的一拉线后加速倒向大号侧,赵××随杆倒下,安全帽脱落,头部触地,当即将其送往攀枝花市第五人民医院抢救,于8月7日16时50分死亡。

倒杆原因:攀枝花市交通机械化工程公司在公路改造工程施工中,不严格执行《电力法》《电力线路防护规程》和攀路桥发〔96〕07号文的有关规定,在线路搬迁以前擅自开挖电杆杆基,造成电杆埋深最深处38 cm,最浅处25 cm,破坏电杆的稳定性。

事故暴露的主要问题及违反规程的相关条款:

（1）作业人员赵××自我保护意识差,未按《电力安全工作规程》（电力线路部分）第6.2.3条"上杆塔作业前,应检查根部、基础和拉线是否牢固。遇有冲刷、起土、上拔或导地线、拉线松动的杆塔,应先培土加固,打好临时拉线或支好杆架后,再行登杆"的规定,盲目登杆。

（2）专责监护人未履行监护职责,未按照《电力安全工作规程》（电力线路部分）第2.3.11.4条的规定"向工作班人员告知危险和安全措施,纠正违章行为"。

（3）现场施工组织有漏洞,野蛮作业。在多次现场勘察后,对现场因公路改造而开挖杆基的情况已掌握,但未依据《电力安全工作规程》（电力线路部分）第6.2.3条制定完善、切实可行的施工"三措书",盲目令工作人员登杆。

应吸取的事故教训:

（1）线路作业人员登杆前应检查杆基,对上拔、起土等不牢固的杆塔,应先培土加固,采取临时措施后再登杆。

（2）作业现场杜绝违章指挥和违章作业,对强令冒险作业应拒绝执行。

（3）针对作业中的危险点（公路改造开挖而使电杆埋深不足），施工班组应经过认真勘察后，制订完善、切实可行的施工方案，防止事故发生。

针对事故应采取的预防措施：

（1）认真进行作业前的现场勘察，查明作业条件、作业环境及其危险点，编制有针对性的施工"三措书"。开工前工作负责人向工作班成员交代安全措施、危险点及其注意事项，并确认每位工作班成员都已知晓。

（2）加强安全意识教育，线路作业人员登杆前应认真检查杆基、拉线等，确认安全后方可登杆，对基础发生变化的杆塔必须加临时拉线或对基础采取加固措施后方可登杆作业。

（3）凡施工地段有其他单位施工时，应相互交底，了解和掌握原始情况，采取有针对性的安全措施。

（4）加强电力设施保护宣传，防止因开挖、取土破坏电力设施。

［案例1.4］　××电力送变电建设公司2005年7月23日500 kV昭思线工程人身死亡事故

事故发生经过及原因：

2005年7月23日上午，××电力送变电建设公司一分公司500 kV昭思线项目部第三施工队队长甘××填写并签发好安全工作票，由他和安全负责人陈××与四川华蓥建设工程有限公司23名施工人员进行N2058塔（B63A-30，重13.905 t）组立施工。13时10分左右，开始起吊横担，于13时40分铁塔横担起吊到位，绞磨停止牵引，控制绳调整到位后固定好。在全部工作做好后，指挥员叫地面人员固定好所有控制风绳并保持稳定。然后高空人员从地面到高空进行组装，张××、黄××、何××、阿尔××、甲拉××5名高空人员陆续到达指定位置并拴好安全带。

13时50分左右，风力变大，横担控制风绳受力增加，左侧控制风绳铁桩因受力过大，突然上拔，风绳失去控制，快速飞出，吊件铁塔横担左侧迅速向大号侧旋转摆动，快速冲击上曲臂，铁塔上、下曲臂首先从K节点处开始变形，使抱杆向大号侧快速倾斜，继而向大号侧扭倒，张××因安全带拴于曲臂伸出的主材上，坠落过程中安全带滑脱。黄××、何××、阿尔××、甲拉××4名高空人员随曲臂下坠，因安全带作用，吊于曲臂构件上。经现场人员全力施救，张××因伤势过重，于15时30分在抢救过程中死亡。18时10分左右，另一名伤者甲拉××伤情发生突变，经医生抢救无效死亡。其余3人，何××小腿胫骨骨折，黄××、阿尔××腰部软组织轻度受伤。

事故暴露的主要问题及违反规程的相应条款：

（1）超重起吊是发生这次事故的主要原因，事故发生时起吊的横担组件质量超过规定要求。违反《电力安全工作规程》（电力线路部分）第6.4.3条"起重机械和起重工具的工作荷重应有铭牌规定，使用时不得超出"的规定。

（2）固定吊件控制风绳、起省力作用的铁桩未按技术要求布设，将控制风绳的锚桩打在松软潮湿的荞麦地里，没有采取防止锚桩上拔的措施，在连续几天下雨的情况下，土壤抗拔能力减弱，没有引起重视，也未检查出危险点。违反《电力安全工作规程》（电力线路部分）第6.4.6条"当重物吊离地面后，工作负责人应再检查各受力部位和被吊物品，无异常后方可正式起吊"的规定。

(3)在突然刮狂风的情况下违章作业,风力发生突然骤变,加之吊件面积较宽,加大了起吊横担的横向受力,增加了控制风绳的受力和锚桩的上拔力,违反《电力安全工作规程》(电力线路部分)第 6.1.5 条的规定。

(4)现场危险点辨识不充分。未充分考虑塔位周围的地质情况,没有采取有效的措施控制风险。在特殊施工环境条件下组塔施工,没有掌握气象情况,对突然发生的气候变化没有采取可靠的应急方案。

(5)现场施工组织不当,现场安全员又是绞磨手,在起吊作业时无法行使安全监护的职能。违反《电力安全工作规程》(电力线路部分)第 2.5.2 条"专职监护人不得兼做其他工作"的规定。

应吸取的事故教训:

(1)起重施工机具的使用应严格按照其工作荷重使用,不得超负荷起吊。

(2)设置桩锚、铁桩时,应根据气候、雨水等情况,综合分析土壤的受力情况,选择受力良好的地方设置铁桩。

(3)在杆塔上作业时应在良好的天气下进行,在工作中遇有 6 级以上大风及雷阵雨、冰雹、大雾、沙尘暴等恶劣天气,应停止工作。

(4)对于组塔等重要作业,必须加强施工现场的安全监督,配备现场专职安全监督员,每一项目施工步骤都必须有专人负责安全监督,才能进行作业。

针对事故应采取的预防措施:

(1)正确使用施工机具。在使用施工机具时,严禁超过施工机具的额定荷载。

(2)在施工中加强与气象部门的联系,应结合当地天气情况,采取有针对性的措施,在遇到恶劣天气情况时,应立即停止施工。

(3)在施工现场布置时,应结合当地地质情况,采取有针对性的措施,确保各施工机具受力良好。

(4)凡立塔现场进行吊装作业,必须设置专门的现场安全管理人员。对于较复杂的、危险性较大的施工,必须严格按《铁塔组立作业指导书》进行,相关管理人员必须到现场监督指导。

【自测题】

一、名词解释

1.电击

2.电伤

3.电烧伤

4.电烙印

5.皮肤金属化

二、填空题

1.电流对人体的伤害形式主要有_____和_____两种。

2. 人体触电时,人体电阻越小,流过人体的电流_____,也就越危险。

3. 电流通过人体的途径不同,对人体的伤害程度不同。经研究表明,最危险的途径是从_____。

4. 人体触电方式一般有_____、_____、_____。

三、选择题

1. 电力安全生产的基本方针是(　　)。
　　A. "安全生产,人人有责"　　　　　　B. "安全第一、预防为主"
　　C. "管生产必须管安全"　　　　　　　D. "谁主管,谁负责"

2. 电流通过人体时所造成的内部伤害称为(　　),电流的热效应、化学效应或机械效应对人体造成的伤害称为(　　)。
　　A. 电伤　　　　　　　　　　　　　　B. 电击

3. 人体电击方式有间接接触电击和(　　)。
　　A. 单相电击　　　　B. 两相电击　　　　C. 跨步电压电击　　　　D. 直接接触电击

4. 引起人的感觉(如麻、刺、痛)的最小电流称为(　　)。
　　A. 安全电流　　　　B. 感知电流　　　　C. 摆脱电流　　　　D 致命电流

四、判断题

1. 通过人体的电流越大,人体的生理反应越明显、感觉越强烈,引起心室颤动所需要的时间越短,致命的危害就越大。　　　　　　　　　　　　　　　　　　　　　　　　　(　　)

2. 安全生产事故的发生是不能预测、预防和控制的。　　　　　　　　　　　　(　　)

3. 电力安全事故统计资料表明,不可抗拒的外力因素是造成事故的主要因素。　　(　　)

4. 电流对人体的伤害程度与电流流经人体的途径无关。　　　　　　　　　　　(　　)

5. 电流作用于人体时间越长,越容易引起心室颤动,危险性也就越大。　　　　(　　)

五、简答题

1. 影响触电伤害的因素有哪些?

2. 什么是接触电压? 防止接触电压触电的基本措施是什么?

3. 什么是跨步电压触电? 其触电后果是什么?

六、计算题

1. 对于 380/220 V 三相四线制配电系统,相电压 220 V,系统接地电阻 4 Ω,人体电阻 1 700 Ω,试分析发生单相触电和两相触电时流过人体的电流,并提出限制单相触电电流的有效措施。

2. 某 380/220 V 的中性点不接地三相配电系统,供电频率为 50 Hz,各相对地绝缘电阻可看成无限大,各相对地电容均为 0.6 μF,触电者的人体电阻为 2 000 Ω 时,求发生单相触电时流过人体的电流并提出限制触电电流的有效措施。

项目 **2**
人身触电及防护

任务1　防直接触电的技术措施

学习要点

➢ 防止人身直接接触触电的措施

【基本内容】

2.1　防直接接触触电措施的认识

2.1.1　防止人身触电的基本措施

1)绝缘

绝缘就是用绝缘物质和材料把带电体包裹或封闭起来,以隔离带电体或不同电位的导体。

绝缘措施:改善制造工艺、定期做预防性试验、改善绝缘的工作条件(防止潮气的侵入、加强散热冷却、防止腐蚀性气体与其接触)。

绝缘配合设计合理(绝缘配合指根据设备的使用及周围环境来选择系统或设备的绝缘特性)。

2)间距

带电体与地面之间、带电体与气体设施或设备之间、带电体与带电体之间,必须保持一定的安全距离。线路安全距离(包括架空线路、低压配电线路、电缆线路安全距离)、配电装置安全距离、检修安全距离。架空导线、导线与地面或水面的最小距离见表2.1。

表 2.1　架空导线、导线与地面或水面的最小距离　　单位:m

线路经过地区	线路电压		
	<1 kV	1~10 kV	35 kV
居民区	6.0	6.5	7.0
非居民区	5.0	5.5	6.0
交通困难地区	4.0	4.5	5.0
步行可以达到的山坡	3.0	4.5	5.0
步行不能达到的山坡、峭壁或岩石	1.0	1.5	3.0

　　未经相关部门的许可,架空线路不得跨越建筑物,如需跨越,导线与建筑物应保持安全距离,见表 2.2。导线与树木的最小距离,见表 2.3。

表 2.2　导线与建筑物的最小距离

线路电压/kV	<1	10	35
垂直距离/m	2.5	3.0	4.0
水平距离/m	1.0	1.5	3.0

表 2.3　导线与树木的最小距离

线路电压/V	<1	10	35
垂直距离/m	1.0	1.5	3.5
水平距离/m	1.0	2.0	—

　　几种线路同杆架设时,电力线路应位于弱电线路的上方,高压线路应位于低压线路的上方。

　　低压配电线路:从配电线路到用户进线处第一个支持点之间的一段架空导线称为接户线。从接户线引入室内的一段导线称为进户线。

　　接户线对地最小距离和低压接户线的线间最小距离分别见表 2.4 和表 2.5。

表 2.4　接户线对地最小距离

接户线电压		最小距离/m
高压接户线		4.0
低压接户线	一般	2.5
	跨越通车街道	6.0
	跨越通车困难街道、人行道	3.5
	跨越胡同(里、弄、巷)	3.0

表 2.5　低压接户线的线间最小距离

架设 方式	挡距/m(架空线路,相邻两杆塔 中心桩之间的水平距离)	线间最小 距离/cm
自电杆上到下	≤25	15
	>25	20
沿墙敷设	≤6	10
	>6	15

电缆线路:直埋电缆埋设深度不应小于 0.7 m,并应位于冻土层之下。

配电装置的安全间距:变配电装置带电体与其他带电体、接地体、各种遮拦等设施之间的最小允许距离。

A.距离指设备带电部分至接地部分和设备不同相带电部分之间的最小距离。

B.距离指设备带电部分至各种遮拦间的安全距离。

C.距离指无遮拦带电体至地面的距离。

D.距离指穿墙套管至室外路面的距离。

室内配电装置安全距离见表 2.6。

表 2.6　室内配电装置安全距离　　　　　单位:mm

设备额定电压/kV	1 ~ 3	6	10	35	110J
带电部分至接地部分(A1)	75	100	125	300	850
不同相的带电部分之间(A2)	75	100	125	300	900
带电部分至栅栏(B1)	825	850	875	1 050	1 600
带电部分至网状遮拦(B2)	175	200	225	400	950
带电部分至板状遮拦(B3)	105	130	155	330	880
无遮拦带电体至地面间 C	2 375	2 400	2 425	2 600	3 150
不同时停电检修的无遮拦导体间 D	1 875	1 900	1 925	2 100	2 650
穿墙套管至室外通道路面 E	4 000	4 000	4 000	4 000	5 000

室外配电装置的最小安全净距净表 2.7。

表 2.7　室外配电装置的最小安全净距　　　　　单位:mm

设备额定电压/kV	1～10	35	110J	220J
带电部分至接地部分(A1)	200	400	900	1 800
不同相的带电部分之间(A2)	200	400	1 000	2 000
带电部分至栅栏(B1)	950	1 150	1 650	2 550
带电部分至网状遮拦(B2)	300	500	1 000	1 900
无遮拦带电体至地面间 C	2 700	2 900	3 400	4 300
不同时停电检修的无遮拦导体间 D	2 200	2 400	2 900	3 800

注:额定电压数字后带"J"字指中性点直接接地电网。

检修距离:在低压工作中,人体或其携带工具与带电体的距离应不小于0.1 m。在无遮拦操作中,人体或其携带工具与带电体之间的最小距离:10 kV 及以下者不应小于0.7 m;20～35 kV 者不应小于1 m。用绝缘棒操作时,上述距离可减为0.4 m 和0.6 m。不能满足上述要求时,应装设临时遮拦。在线路上工作时,人体或其携带工具与临近线路带电导线的最小距离:10 kV 及以下者不应小于1 m;35 kV 者不应小于2.5 m。

3)屏护

用屏护装置(遮拦、护罩、护盖、箱闸等)将带电体与外界隔离开来,以控制不安全因素。屏护装置包括遮拦、围栏、箱盖、屏护。

屏护装置必须满足以下安全条件:

①网状遮拦网眼不得大于20 mm×20 mm,以防止工作人员在检查时将手或工具伸入遮拦内,遮拦高度一般不应低于1.7 m,下部边缘距离地面不应超过0.1 m。户内栅栏高度不应低于1.2 m,户外不应低于1.5 m。户外配电装置围墙高度不应低于2.5 m。

②屏护装置都必须具有足够的机械强度和良好的耐火性能。

③金属材料制作的屏护装置,安装时必须接地或接零。

④屏护装置一般不易随便打开、拆卸或挪移,有时还应装有连锁装置,只有断开电源才能打开。

⑤屏护装置与被屏护的带电体之间保持必要的距离。

⑥根据屏护对象,在栅栏、遮拦等屏护装置上悬挂"止步,高压危险!""禁止攀登,高压危险!""当心触电"等标示牌。

【自测题】

一、名词解释

1.绝缘

2.安全距离

3.屏护

二、填空题

1. 遮拦高度一般不应低于_____,下部边缘距离地面不应超过_____。

2. 几种线路同杆架设时,电力线路应位于弱电线路的_____,高压线路位于低压线路的_____。

3. 防止人身直接触电的基本措施有:_____、_____ 以及绝缘措施。

三、小组讨论

1. 确定110 kV室外变压器防直接接触触电措施。

2. 讨论配电设备防直接接触触电技术措施。

任务2　防间接触电的技术措施

学习要点

➢ 防止间接接触触电的技术措施

➢ 漏电保护器的原理

【基本内容】

2.2　防止人身触及意外带电体的基本措施

保护接地:把电气设备的某一金属部分通过导体与土壤间作良好的电气连接称为接地。接地装置由接地体和接地线组成。

2.2.1　接地装置

接地体:埋入土壤并直接与大地土壤接触的金属导体或金属组体称为接地体。包括接地干线和接地支线。

①自然接地体:兼作接地体而埋入地下的金属管道、金属结构、钢筋混凝土地基等物件。

②人工接地体:采用钢管、角钢、扁钢、圆钢等钢材制作的埋入地中的导体。

接地装置本身是安全装置,对于防止触电事故的发生有十分重要的意义,要求必须足够的机械强度以及良好的导电能力和热稳定性。安装接地装置时,应作防腐蚀处理、埋入适当的深度(不得小于0.6 m)、连接可靠、防止机械损伤。

2.2.2　接地电阻

接地电阻:电流经过接地体进入大地并向周围扩散时所遇到的电阻。

接地电阻包括接地线电阻、接地体电阻、接地体与土壤间的接触电阻以及土壤中的散流电阻。流散电阻指接地电流自接地体向周围大地流散时所遇到的全部电阻。由于其中接地线电阻、接地体电阻、接触电阻相对较小,故通常近似以散流电阻作为接地电阻。

2.2.3 接地的分类

1)工作接地

在正常或事故状态下,为了保证电气设备可靠运行,将电力系统中某点(如变压器的中性点)与大地作金属连接,这种接地称为工作接地。工作接地的作用:

①可以使接地故障迅速切断;

②可降低电气设备和电力线路的设计绝缘水平;

③保持系统电位的稳定性,即减轻低压系统由高压窜入低压等原因所产生的过电压的危险性。

2)保护接地

为防止电气设备外露的不带电导体意外触及带电体造成危险,将电气设备外露金属部分及其附件经保护接地线与深埋在地下的接地体紧密连接起来,称为保护接地。

3)防雷接地

4)防静电接地

电气保护接地的实践意义:为了保证电气设备在正常和事故情况下可靠地工作进行的接地。当电气设备的金属外壳等因带电导体而成为意外带电体时,避免其危及人身安全。

2.2.4 保护接地的原理和接地方式

注意:同一系统不允许同时采用保护接地和保护接零。

保护接地的原理和接地方式:IT 系统、TT 系统(保护接地)、TN 系统(保护接零)还包括 TN-S、TN-C、TN-C-S。

1)IT 系统

IT 系统:所有的金属机壳都必须接地,但是电力系统不接地或者是通过阻抗接地。

其中,I 为电力系统的中性点不接地或者通过阻抗(电阻器或电抗器)接地。T 为电气装置的外壳(也就是所有机壳)导电部分单独接地或者通过保护导体接到电力系统的接地极装置上。

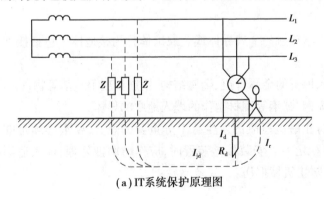
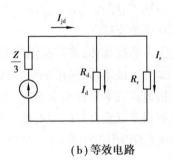

(a)IT系统保护原理图　　　　　　　**(b)等效电路**

图 2.1　IT 系统

根据等效电路图 2.1(b)可得:

$$\frac{I_r}{I_d} = \frac{R_d}{R_r}$$

式中　I_r——流经人体的电流,A;

　　　I_d——流经接地体的电流,A;

　　　R_d——接地体的接地电阻,Ω;

　　　R_r——人体电阻,Ω;

　　　Z——电网对地阻抗,Ω;

　　　U_d——漏电外壳对地电压,V。

未采用保护接地时设备的对地电压,即作用于人体的电压 $U_d = \dfrac{3R_r}{|3R_r + Z|}U_\varphi$,采用保护

接地后设备的对地电压 $U_d = \dfrac{3R_d}{|3R_d + Z|}U_\varphi$,由于 R_d 远小于 R_r,可见,采取保护接地后,漏电设

备对地电压大大降低。一般低压系统中,接地电阻小于 4 Ω,触电危险可解除。

2)TT 系统

在 TT 系统中,所有的金属机壳都必须接地,并且该接地点不是中性点的接地点。一旦发生设备碰壳短路(漏电),则接地短路电流将同时沿着设备接地体、人体与系统的接地体形成通路,保护接地电阻和人体电阻并联。TT 系统保护原理图如图 2.2 所示。

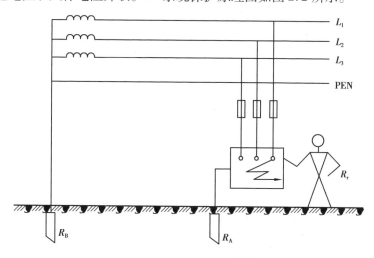

图 2.2　TT 系统保护原理图

R_r—人体电阻,Ω;R_B—电力系统接地电阻,Ω;R_A—设备接地电阻,Ω。

在 220 V 低压系统中,采用保护接地时,加在人体上的电压为 110 V,取 R_r = 1 700 Ω,则通过人体的电流为 65 mA,对人仍然是危险的。因此,保护接地在中性点接地的系统中使用不能完全保证安全,必须限制接触电压值,此时一般可采用漏电保护器或过电流保护器作附加保护。

TT 系统中,保护接地降低了接触电压,但对人身还仍存在着很大的危险。因此,中性点不接地的三相三线制低压配电系统多采用 IT 系统,随着高灵敏度的漏电保护器的推广,现在保护接地措施也应用到了中性点直接接地的三相四线制电网中。

保护接地的适用范围:保护接地仅适合于中性点不接地的系统,在中性点接地的系统中使用不能完全保证安全。

2.2.5 保护接零

采用保护接零的低压配电系统称为 TN 系统。保护接零：将电气设备的金属外壳和底座与电力系统的中性线相连,称为保护接零。中性点直接接地的 380/220 V 三相四线制系统目前广泛采用保护接零作为防止间接触电的保安技术措施。

1)保护原理

一旦设备发生碰壳事故,借零线形成单相短路,漏电电流将上升为很大的短路电流,迫使线路上的保护装置迅速动作而切断电源,如图 2.3 所示。

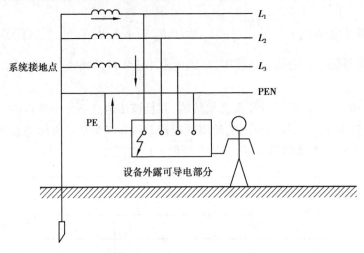

图 2.3　TN 系统保护原理图

2)保护接零的形式

TN 系统根据设备金属外壳与系统的零线的连接方式不同可分为 3 类：TN-C 系统、TN-S 系统、TN-C-S 系统。

(1)TN-C 系统

TN-C 系统俗称三相四线制系统(见图 2.4)。保护零线 PE 和工作零线 N 是合为一体的,称为 PEN 线。

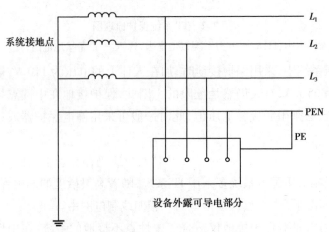

图 2.4　TN-C 系统保护原理图

特点:由于三相负载不平衡,工作零线上有不平衡电流,对地有电压,所以与保护线所连接的电气设备金属外壳有一定的电压。如果工作零线断线,则保护接零的漏电设备外壳带电。只适用于三相负载基本平衡情况。

(2)TN-S 系统

N 线作为工作回路专用,与设备金属外壳绝缘,而 PE 线作为保护专用,与设备金属外壳连接。TN-S 系统具有较高的用电安全性,应大力提倡,俗称三相五线制系统(见图2.5)。

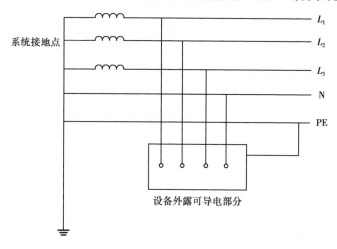

图 2.5　TN-S 系统保护原理图

特点:采用三相五线制供电,保护线 PE 和零线 N 在整个系统中是分开的,通常建筑物内独立变配电所的进线采用该系统。中性线 N 与保护接地线 PE 除在变压器中性点共同接地,两线不再有任何的电气连接。系统正常运行时,专用保护线上没有电流,只有工作零线上有不平衡电流。PE 线对地没有电压,所以电气设备金属外壳接零保护是接在专用的保护线 PE 上,安全可靠。PE 不许断线。

(3)TN-C-S 系统保护接零的形式

组合方式前端用 TN-C,给一般的三相平衡负荷供电,末端采用 TN-S,给少量但相不平衡负荷或对供电质量要求高的电子设备供电。应注意的是,采用 TN-C-S 系统时,在将 PEN 线一经分开为 N 线和 PE 线以后,不得再合并。

特点:整个系统中有一部分中性线与保护线 PE 是合一的系统。当三相电力变压器工作接地情况良好、三相负荷比较平衡时,TN-C-S 系统在施工用点实践中效果还是可行的,但是,在三相负载不平衡、建筑施工工地有专用的电力变压器时,必须采用 TN-S 方式供电系统(见图2.6)。

在同一低压系统中,不允许将一部分电气设备采用保护接地,而另一部分设备采用保护接零。否则,当保护接地的用电设备发生碰壳短路时,接零设备的外壳上将产生危险的对地电压,这样将会使故障范围扩大。

对 TN 系统的要求:在接三眼插座时,不允许将插座上接电源中性线的孔同保护线的孔串联。在 TN 系统中,除系统中性点必须良好接地外,还必须将零线重复接地。所谓重复接地,是指中性线或接零保护线的一点或数点与地再作金属连接。零线上不能安装熔断器和断路器,以防止零线回路断开时,零线出现相电压而引起的触电事故。

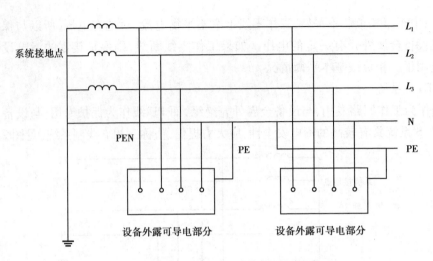

图 2.6　TN-C-S 系统图

2.2.6　漏电保护器

漏电保护器 GB 6829—95 中将漏电保护器称为"剩余电流动作保护器",英文缩写为 RCD。

1)漏电保护器的种类

①按工作类型分:开关型、继电器型、单一型、组合型。

②按相数或级数分:单相一线、单相两线、三相三线、三相四线、四极四线。

③按结构原理分:电压型、电流型、鉴相型、脉冲型。

2)电流型漏电保护器的原理

电流型漏电保护器结构示意图如图 2.7 所示。

检测元件是一个零序电流互感器。中间环节的作用就是对来自零序互感器的漏电信号进行放大和处理,并输出到执行机构。执行机构(脱扣器)用于接收中间环节的指令信号,实施动作,自动切断故障处的电源。试验装置就是通过试验按钮和限流电阻的串联,模拟漏电路径,以检查装置能否正常动作。

没有发生漏电或触电的情况下 $\dot{I}_{L_1} + \dot{I}_{L_2} + \dot{I}_{L_3} + \dot{I}_N = 0$,漏电保护器不动作。一旦发生接地故障时,故障相有一部分电流经故障点流入大地,此时零序电流互感器内电流相量和不等于零,即 $\dot{I}_{L_1} + \dot{I}_{L_2} + \dot{I}_{L_3} + \dot{I}_N = \dot{I}_r \neq 0$。漏电保护器动作,切断故障回路,从而保证人身安全。

3)漏电开关的技术参数

额定电压 U_N:规程推荐优选值为 220,380 V。

额定电流 I_N:允许长期通过的负荷电流。

额定漏电动作电流 $I_{\Delta N}$:制造厂规定的漏电保护器必须动作的漏电电流值。推荐采用 10,15,30,50,100,300,500,1 000,3 000 mA 等。

额定漏电不动作电流 $I_{\Delta N_0}$:制造厂规定的漏电保护器必须不动作的漏电电流值。额定漏电不动作电流优选 $0.5I_{\Delta N}$。漏电电流小于或等于 $I_{\Delta N_0}$ 时必须保证不动作。

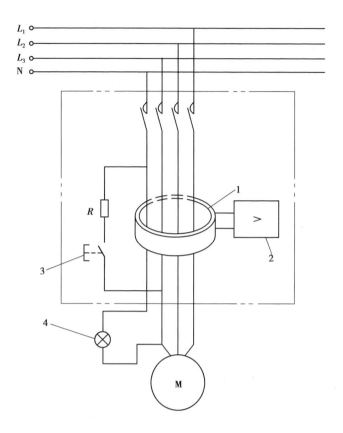

图2.7 电流型漏电保护器结构示意图
1—检测元件;2—中间环节;3—试验按钮;4—指示灯

额定漏电动作时间:是指从突然施加额定漏电动作电流起,到保护电路被切断为止的时间。例如,30 mA×0.1 s的保护器,从电流值达到30 mA起,到主触头分离止的时间不超过0.1 s。

4)漏电开关的选用

选用漏电保护器技术的参数额定值应注意与被保护设备或线路的技术参数和安装使用的具体条件相配合。

手持式电动工具、移动电器、家用电器等设备应优先选用额定剩余动作电流不大于30 mA、0.1 s内动作的漏电保护器。

医院中的医疗电气设备,应选用额定剩余动作电流为6 mA、0.1 s内动作的漏电保护器。

安装在潮湿场所(如工厂的镀锌车间、清洗场)的电气设备应选用额定剩余动作电流为15 mA、0.1 s内动作或额定剩余动作电流6~10 mA的反时限特性漏电保护器。

安装在游泳池、喷水池、水上游乐园、浴室等特定区域的电气设备应选用额定剩余动作电流为10 mA、0.1 s内动作的漏电保护器。

单台电气设备,可根据其容量大小选用额定剩余动作电流30 mA以上、100 mA及以下、0.1 s内动作的漏电保护器。

在金属物体上工作,操作手持式电动工具或使用非安全电压的行灯时,应选用额定剩余动作电流为10 mA、0.1 s内动作的漏电保护器。

5)漏电开关的运行和维护

漏电保护器投运后,应每年对保护系统进行一次普查。

电工每月至少对保护器用试跳器试验一次。

保护器动作后,若经检查未发现事故点,允许试送电一次,以发现事故点。

漏电保护器故障后应由专业人员及时检修或更换,严禁私自撤除或更换。

在保护范围发生人身触电伤亡事故,应检查保护器动作情况,分析未能起到保护作用的原因,在未调查前保护好现场,不得改动保护器。

2.2.7 安全电压

不危及人身安全的电压称为安全电压。我国规定交流电安全系列的上限值为50 V。这一限值是根据人体允许电流30 mA和人体电阻1 700 Ω的条件定的。

安全电压的等级:

目前,我国采用的安全电压以36 V和12 V两个等级居多。

凡手提照明灯、危险环境和特别危险环境的局部照明灯、高度不足2.5 m的一般照明灯、危险环境和特别环境中使用的携带式电动工具,如果没有特殊安全结构或安全措施,应采用36 V安全电压。凡工作地点狭窄、行动不便及周围有大面积接地导体的环境(如金属容器内、隧道内、矿井内),所使用的手提照明灯,应采用12 V电压。

国家标准规定:安全电压额定值分为42,36,24,12,6 V共5个等级。

安全电压电源和回路配置:采用安全隔离变压器或独立电源作为安全电源。安全电压回路的带电部分必须与较高电压的回路保持电气隔离,并不得与大地、保护接零(地)线或其他电气回路连接。其保护原理是在隔离变压器二次侧构成一个不接地的电网,因而阻断了在二次工作人员单相触电时电击电流的通路。

安全电压设备的插座不得采用带有接零或接地插头或插孔。

【自测题】

一、名词解释

1.接地

2.接地体

3.接地线

4.保护接零

5.安全电压

二、选择题

1.电力系统的中性点直接接地,电气装置的外壳导电部分接到与电力系统接地点无关的独立接地装置上,这种接地系统称为(　　　)。

　　A.IT系统　　　　　　　　B.TT系统　　　　　　　　C.TN系统

2.为防止人身因电气设备绝缘损坏而遭受触电,将电气设备的金属外壳与电网的零线相连接,称为(　　　)。

　　A.保护接零　　　　　　　B.保护接地

3.(　　)系统采用三相五线制供电,保护线 PE 和零线 N 在整个系统中是分开的。

　A. TN-S 系统　　　　　　　B. TN-C 系统　　　　　　　C. TN-C-S 系统

三、判断题

1.电机电器的金属外壳、基座接地属于保护接地。　　　　　　　　　　　　　(　　)

2.如果电气设备装设了接地保护,当因某种原因其金属外壳带电,人接触其外壳,接地体的接地电阻越小,经过人体的电流也就越小。　　　　　　　　　　　　　　　(　　)

3.TT 系统中,保护接地降低了接触电压,对人身不存在危险。　　　　　　　(　　)

4.对设备采取接零措施,不可以在零线在装设断路器和熔断器。　　　　　　(　　)

5.同一低压电网中(指同一台发电机或同一台变压器供电的低压电网),不允许将一部分电气设备保护接地,另一部分电气设备保护接零。　　　　　　　　　　　　(　　)

6.TN 系统中,除电源变压器的中性点必须采取工作接地外,还必须将保护线一处或多处通过接地装置重复接地。　　　　　　　　　　　　　　　　　　　　　　(　　)

7.漏电保护断路器能够在设备漏电,外壳呈现危险的对地电压时自动切断电源。(　　)

四、简答题

1.试述保护接地的含义及适用范围。

2.试述保护接零的含义及适用范围。

任务 3　触电急救

学习要点

➢ 使触电者就地快速地脱离低压电源

➢ 口对口的人工呼吸和胸外心脏按压法的实施

技能要求

➢ 会用口对口的人工呼吸和胸外心脏按压法进行触电急救

【基本内容】

2.3　触电急救

触电急救的基本原则是"迅速、就地、准确、坚持"八个字。

2.3.1　脱离电源

1)脱离低压电源

原则:"挑、拉、切、拽、垫"。

如果设备开关或插头距离触电地点很近,应迅速拉开开关或拔掉插头。立即打电话通知有关部门断电,并戴上绝缘手套,穿上绝缘靴,用相应电压等级的绝缘工具按顺序拉开开关,将金属线一端可靠接地,另一端系重物,向带电线路抛掷裸金属线使线路短路接地,迫使保护装置运作从而断开电源。在施救时,如果触电者在高处,要防止断电后被施救者从高处坠落造成二次伤害。

如果开关距离触电地点很远,可用绝缘手钳或用干燥木柄的斧、刀、铁锹等把电线切断。当导线搭在触电者身上或压在身下时,可用干燥的木棒、木板、竹竿或其他带有绝缘柄(手握绝缘柄)工具,迅速将电线挑开。切不可使用任何金属棒或湿的东西去挑电线,以免救护人员触电。如果触电者的衣服是干燥的,且不是紧贴在身上时,救护人员可站在干燥的木板上,或用干衣服、干围巾等把自己一只手作严格绝缘包裹,然后用这一只手拉触电者干燥而不贴身的衣服,使之脱离带电体。切不可使用两只手,更不可触及触电者身体的裸露部分。

2)脱离高压电源

如果触电者触及的是高压设备,则救护人员可戴绝缘手套、穿绝缘靴,用相应电压等级的绝缘工具按顺序拉开电源开关、熔断器。救护人员在抢救过程中,应注意与周围带电设备之间的安全距离。如果触电者触及坠落地面的高压带电导线,在尚未确认线路无电且救护人员未采取措施(如穿绝缘靴)前,不能接近断线点 8~10 m 的范围内,防止跨步电压伤人。如果高带电线路触电,又不可能迅速切断电源开关,可采用抛掷足够截面和长度的金属线使线路相间短路接地,迫使断路器跳闸。

2.3.2 脱离电源后的处理

1)触电急救

判断触电者意识:"拍、按、叫、好"。

通畅气道:抬头仰颌法。

判断触电者呼吸:"看、听、试"。

判断触电者心跳:"探"。

判断触电者意识,轻拍触电者肩部,高声呼叫触电者,如果触电者伤势不重、神志清醒,但有些心慌、四肢发麻、全身无力,或者触电者在触电过程中曾一度昏迷,但已经清醒过来,应使触电者安静休息,不要走动,对其严密观察。无反应时,立即用手指甲掐压人中穴、合谷穴约 5 s。若触电者无苏醒迹象,救护人员应大叫呼救,以获得更多的帮助。放好触电者体位,使触电者仰卧于硬板床或地上,头、颈、躯干平卧无扭曲,双手放于躯干两侧,解开紧身衣物。

2)通畅气道

首先通畅气道:通畅气道时,如已见到口内有异物或呕吐物,则应迅速清除口腔异物,然后采用仰头举颌法通畅气道,即用一只手置于触电者前额,另一只手的食指与中指置于下颌骨近下颏处,两手协同使头部后仰 90°。

3)判断触电者呼吸

采用看、听、试的方法判断触电者的呼吸。看触电者的胸部、腹部有无起伏动作。用耳贴近触电者的口鼻处,听有无呼气声音。用手指试测口鼻有无呼气的气流。在此过程中,应始终保持气道开放。如果发现触电者已经没有呼吸,在保持气道通畅的情况下,用手指捏住触电者鼻翼,连续大口吹气两次。

4)判断触电者心跳

检查触电者的心跳时,一只手置于触电者前额,使头部保持后仰,另一只手的食指及中指指尖在靠近救护者一侧轻轻触摸喉结旁 2~3 cm 凹陷处的颈动脉有无搏动,检查时间不超过10 s。

5)心肺复苏法

通畅气道、人工呼吸和胸外按压是心肺复苏法支持生命的三项基本措施。胸外按压就是采用人工机械的强制作用(即在胸外按压心脏),迫使心脏有节律地收缩,从而达到恢复心跳、恢复血液循环,并逐步正常的心脏跳动。

①按压位置:食指及中指沿触电者肋弓下缘向中间移滑,在两侧肋弓交点处寻找胸骨下切迹,食指及中指并拢横放在胸骨下切迹上方,以另一手的掌根紧贴食指上方置于胸骨正中部,重叠将掌根放于另一手背上,两手手指交叉抬起,使手指脱离胸壁,如图2.8所示。

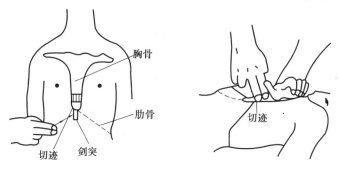

图 2.8　按压位置

②按压姿势:两臂绷直,双肩在触电者胸骨上方正中,靠自身重量垂直向下按压。

③按压用力方式:不能采用冲击式的猛压,应垂直用力向下用力,平稳、有节律地按压,下压至按压深度(成人触电者为 4~5 cm),停顿后全部放松,放松时定位的手掌根部不得离开胸壁,下压及向上放松时间相等,不能间断按压,如图2.9所示。按压频率为100 次/min。

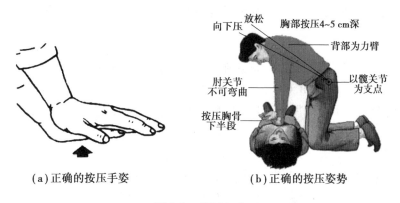

(a)正确的按压手姿　　　　(b)正确的按压姿势

图 2.9　按压方式

　　口对口人工呼吸就是采用人工机械动作(救护人员呼出的气通过触电者的口或鼻对其肺部进行充气以供给触电者氧气),使触电者肺部有节律地膨胀和收缩,以维持气体交换(吸入氧气、排出二氧化碳),并逐步恢复正常呼吸的过程。

　　口对口人工呼吸的方法是:保持气道通畅,用按于前额一手的拇指与食指捏住触电者鼻翼下端,深吸一口气屏住并用自己的嘴唇包绕住触电者微张的嘴,用力快而深地向触电者口中吹气,同时仔细观察触电者胸部应有明显起伏。一次吹气完毕后,脱离触电者口部,吸入新鲜空气,同时使触电者的口张开,并放松捏鼻的手。每个吹气循环需连续吹气两次,每次吹气2 s,手放松3 s,5 s内完成。

　　按压与人工呼吸比例:每按压30次后吹气2次(30:2),然后再在胸部重新定位,再作胸外按压。

　　6)抢救过程中的再判定

　　用看、听、试方法在5~7 s时间内用看、听、试的方法完成对伤员呼吸和心跳是否恢复的再判定。若触电者呼吸和心跳恢复,则停止人工呼吸和胸外心脏按压;若判定颈动脉有脉搏但无呼吸,则应暂停胸外心脏按压,并再次进行两次口对口人工呼吸,接着每5 s吹气一次。如脉搏和呼吸均未恢复,则继续用人工呼吸和胸外心脏按压进行抢救。若抢救多时后,呼吸、心跳仍旧停止,瞳孔不缩小、对光照无反应,背部、四肢等部位出现红色尸斑,皮肤青灰、身体僵硬,且经医生确认死亡时,方可终止抢救。

【自测题】

一、名词解释

1.胸外按压

2.人工呼吸

二、填空题

1.若触电伤员的意识丧失,则应在10 s内,用_____、听、试的方法判定伤员呼吸心跳的情况。

2.使触电者脱离电源的基本方法有_____和设法使触电者脱离带电部分两种。

3.现场急救的原则是_____、就地、准确和坚持。

三、选择题

1.胸外按压要以均匀速度进行,每分钟(　　)次左右,每次按压和放松的时间相等。

A.50　　　　　　　　B.60　　　　　　　　C.70　　　　　　　　D.80

2.一般居民住宅、办公场所,若以防止触电为主要目的时,应选用漏电动作电流为(　　)mA的漏电保护开关。

A.6　　　　　　　　B.15　　　　　　　　C.30

3.触电者触及跌落在地面的带电高压线,救护人员在未做好安全措施前,不能接近断线点4~(　　)范围内,防止跨步电压伤人。

A.6 m　　　　　　　B.8 m　　　　　　　C.10 m　　　　　　　D.12 m

4.触电者未脱离电源前,救护人员不准直接用(　　)触击伤员,因为有触电危险。

　　A.干燥木棒　　　　　　B.金属物体

四、判断题

1.若发现触电者没有呼吸,但有心跳,可采用胸外按压法恢复呼吸。　　　　　　　　(　　)

2.若发现有人触电,应首先通知医院来抢救。　　　　　　　　　　　　　　　　　(　　)

五、简答题

1.试说明心肺复苏法对触电者抢救的基本步骤。

2.脱离低压电源的主要方法有哪些?

项目 3

变配电所的安全运行

任务　变配电所的倒闸操作

学习要点

➤ 变配电所规章制度和值班要求

➤ 倒闸操作的安规

【基本内容】

3.1　变配电所的一次与二次系统

一次设备:凡担负电力传输(包括变电与配电)任务或承受传输电压的电气设备。比如,电力变压器、断路器、隔离开关、电流互感器与电压互感器等。

一次回路:有各种电气主设备的图形符号和连接线所组成的、表示接受与分配电能关系的电路图,习惯上也称为电气主接线图。

二次设备:为保障主设备正常、可靠的运行,凡担负对主设备进行测量、监视、控制和保护任务的设备,比如,电气测量仪表、继电保护装置、信号装置以及各种自动装置。

二次系统:按照设计要求及保护方式,用细芯导线及控制电缆将二次设备(包括所需的操作电源)连接起来,便构成了低电压、小电流的二次回路,所有二次回路的总称为二次系统。

二次系统按其作用可分为:测量监视回路、信号回路、开关设备操作回路、继电保护和自动装置回路。

3.2　变配电所常用的继电保护方式

继电保护装置的主要作用:当电力系统中(包括用户变配电所及其供电设备)发生故障或

不正常工作状态,它会立即起反应并动作,迅速地将故障部分与系统自动断开,以保证电力系统的正常运行并缩小故障范围,避免事故扩大,同时在系统内设备处于不同的异常运行状态时,发出警报信号,或经过一定时限后自动断开故障设备,保障供电安全。

对继电保护装置的基本要求:

1)选择性

当供电系统某部分发生故障时,要求保护装置只将故障部分切除,以保证无故障部分继续进行,如图 3.1 所示。

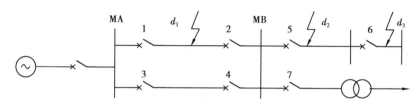

图 3.1 继电保护方式的选择性

2)快速性

故障能在 0.2 s 内切除,一般正在工作的电动机就不会停转,快速切除可以减少故障回路电气设备的破坏程度,缩小故障影响的范围,保证供电系统的可靠性和稳定性。

故障切除时间 = 继电保护装置动作时间 + 断路器跳闸时间

目前,最快速的保护装置动作时限可达 0.02 ~ 0.04 s,常用的有断路器跳闸时间为 0.1 ~ 0.5 s。选择性和快速性有矛盾时,应在保证选择性的前提下力求保护装置的快速性。

3)灵敏性

对被保护电气设备可能发生故障和不正常运行方式的反应能力,用灵敏系数 K_L 来衡量。

4)可靠性

相应的保护装置应能可靠动作而不拒动,否则造成被保护对象的损坏;保护装置不应误动,以免造成不必要的停电。变配电所规章制度和值班要求。

3.3 变配电所的各项规章制度

①电气安全工作规程(包括安全用具管理);

②电气运行操作规程(包括停、限电操作程序);

③电气事故处理规程;

④电气设备维护检修制度;

⑤岗位责任制度;

⑥电气设备巡视检修制度;

⑦电气设备缺陷管理制度;

⑧调荷节电管理制度;

⑨运行交接班制度;

⑩安全保卫及消防制度;

⑪设备定期试验与切换制度;

⑫运行分析制度。

3.4 倒闸操作的方法和注意事项

按预定实现的运行方式,对现场各种开关(断路器及隔离开关)所进行的分闸操作或合闸操作。要正确进行倒闸操作,避免因错误操作而造成事故,就必须了解设备的操作状态,即正确判断隔离开关和断路器的位置。

1)设备的操作状态

运行中:隔离开关和油断路器已经合闸,相应保护投入运行,使电源和用电设备连成电路。

热备用:指设备完好,其开关断开,开关两侧相应刀闸处于合闸位置,相关的接地刀闸断开;开关的合闸、操作电源均投入,保护按要求全部投入。

冷备用:设备完好,开关断开,有关刀闸和接地刀闸断开。

检修中:开关和相应的刀闸(不含接地刀闸)处于断开位置,开关合闸、操作电源已退出,在有可能来电端装设好接地线(或已合好接地刀闸),挂好标示牌。

设备操作状态的判别方法:

①开关所处状态有明显断开点的开关:从其"分闸"或"合闸"状态即可区分清楚。

②有无电压指示:从电压表的指示可以判别电气设备是否带电。

③信号灯显示情况:由表明通电或是断电的灯光信号显示来进行判别。

④验电器测试反应:用相应电压等级且完好的验电器(或验电笔)进行直接测试。

2)隔离开关的操作方法及注意事项

①在手动合隔离开关时必须迅速果断,在合到底时不能用力过猛,以防合过头和损坏支持瓷瓶。在合隔离开关时如发生弧光或误合时,则应将隔离开关迅速合上。

②在手动拉开隔离开关时,应按"慢—快—慢"的过程进行。刚开始应慢,触头刚分开时应观察有无电弧产生,若有电弧应立即合上,防止带负荷拉隔离开关;若无电弧就应迅速拉开。当隔离开关快全部拉开时,应慢些,以防冲击损坏瓷瓶。

切断小电流电路(空载变压器、电缆的充电电流),均会有小电流产生,应迅速拉开隔离开关,以利灭弧。

③隔离开关装有电气(电磁)联锁装置或机械联锁装置的,若装置未开、隔离开关不能操作时,不可任意接触联锁装置进行分、合闸,应查明原因后才能进行操作。

④隔离开关经操作后,必须检查其开、合位置,因有时会由于操作机构有故障或调整不好,而可能出现操作后未全部拉开或未全部合上的现象。

3)断路器的操作方法及注意事项

①断路器合闸前,必须投入相关继电保护装置和自动装置,以便合在故障设备上或带接地线合闸时,断路器能迅速动作跳闸,避免越级跳闸扩大事故影响范围。

②一般情况下,断路器不允许带负荷手动合闸。因断路器合闸过程中,灭弧介质会出现预击穿现象,介质被游离产生气体,导致灭弧室压力增高。而手动合闸的速度较慢,燃弧时间较长,容易造成灭弧室压力过高,若超过断路器的机械强度将导致断路器爆炸。

③遥控操作断路器时,扳动控制开关不要用力过猛,以免损坏控制开关。

④断路器操作完成后,应检查相关仪表和信号指示,避免非全相合、分闸,确保动作的正确性。

⑤当断路器合上、控制开关返回后,合闸电流表应指在零位,以防止合闸接触器打不开而烧毁合闸线圈。

4)母线的操作

①向备用母线充电时,应将母联断路器的保护投入。若备用母线有故障,可由母联断路器动作切除故障,避免事故扩大。

②当母联断路器合上后进行倒母线操作时,应取下母联断路器的操作电源保险,以防止操作过程中母联断路器误动使隔离开关带负荷操作。

5)变压器的操作

①仅一台主变压器且二次侧无总断路器或负荷开关时,停电时应先拉开负荷侧各条配电线路的断路器或负荷开关,送电时则应在变压器投运后,再合上各条配电线路的断路器或开关。

②更换并列运行的变压器或进行可能使相位发生变动的工作时,必须经过核相后方可并列运行。

6)发生带负荷拉倒闸后的处理方法

①错拉隔离开关:若隔离开关刚拉开且产生了少量电弧,这时应立即合上;若隔离开关已全部拉开,则决不允许将误拉的隔离开关重新合上;如果是单极开关,在操作一相后发现错拉,则不应再对其他两相继续操作,这时应操作相应的断路器切断负荷。

②错合隔离开关:如果错合上隔离开关,决不允许再拉开。

7)送电和停电的操作步骤

(1)送电操作

变配电所送电时,一般从电源侧的开关合起,依次合到负荷侧的各开关;这样操作可以使开关的合闸电流减至最小,比较安全;同时如果某部分存在故障,该部分合闸时,便会立即出现异常情况,故障容易被发现。

(2)事故后恢复送电

操作步骤与变电所所装设的开关形式有关。比如变电所高压侧装设的是断路器,那么当变电所发生短路时,断路器由于继电保护装置自动跳闸。消除故障后恢复送电时,可直接闭合断路器。应拉开出线开关,避免来电时同时启动造成过负荷和电压骤降。当电网恢复供电后,再依次合上出线开关。

(3)停电操作

变配电所停电时,一般从负荷侧的开关拉起,依次拉到电源侧开关;这样操作可以使开关的分断电流减至最小,比较安全。隔离开关不允许带负荷拉闸或合闸。停送电操作时拉合隔离开关的次序:停电时应先拉线路侧隔离开关,送电时应先合母线侧隔离开关。

3.5　变配电所的事故处理

1)变配电所的常见事故起因

(1)错误接线

在检修、修理、安装、调校等过程中,可能发生接线错误。

(2)断路

断路故障大都出现于运行时间较长的变配电设备中,原因是由于受到机械力或电磁力的作用,以及受到热效应或化学效应的作用等,使导体严重氧化而造成断路。断路故障可能发生在中性线或相线,也可能发生在设备装置内部。

由于绝缘老化、过电压或机械作用等,都可能造成设备及线路的断路故障。断路可能出现在一相对地、相与相之间,以及设备内部匝间短路等故障。

(3)短路

凡出现误操作故障,大都是因为未能严格按照安全规程及措施认真去做而引起的,如隔离开关的带负荷拉刀闸引起操作过电压等。

(4)错误操作

变配电所常见的事故:

①主要电气设备的绝缘损坏事故;

②电气误操作事故;

③电缆头与绝缘套管的损坏事故;

④高压断路器与操作机构的损坏事故;

⑤继电保护装置及自动装置的误动作或缺少这些必要装置而造成的事故;

⑥由于绝缘子损坏或脏污所引起的闪络事故;

⑦由于雷电所引起的事故;

⑧电力变压器故障而引发的事故。

2)常见事故的处理原则

迅速限制事故的发展,寻找并消除事故根源,解除对人身及设备安全的威胁。用一切可能的办法保持设备继续进行,对重要负荷应尽可能做到不停电,对已停电的线路及设备则要能及早地恢复供电。

①发生事故时,值班人员处理原则:改变运行方式,使供电尽早地恢复正常。

②处理事故时,外来人员不准进入或者逗留在事故现场。

③调度管辖范围内的设备发生事故时,值班人员应将事故情况及时、扼要而准确地报告调度员,并依照当班调度员的命令进行处理。在处理事故的整个过程中,值班员应与调度员保持联系,并迅速执行命令、做好记录。

④凡解救触电人员、扑灭火灾及挽救危机设备等工作,值班员有权先行果断处理,然后报告有关领导及调度员。

⑤事故处理过程中,值班人员应有明确分工。处理完毕后要将事故发生的时间、情况和

处理的全过程,详细填写在记录簿内。

⑥交接班时如发生事故,应由交班人员负责处理,接班人要全力协助,待处理完毕、恢复正常后再行交班,如果一时不能恢复,则要经领导同意后才可交接班。

3)单相接地故障的处理

(1)接地时出现的现象

①接地光字牌亮,同时信号警铃响。

②发生完全接地时,绝缘监察电压表三相指示有所不同,接地相电压为零或接近于零,非接地相电压升高到$\sqrt{3}$倍。

③发生间隙接地故障时,接地相的电压时减时增,非故障相的电压则时大时小,或者有时正常。

④发生弧光接地故障时,非故障相的相电压有可能升高到额定电压的2.5~3倍:由于低压电路中电缆很多,故障点电容电流很大,如果高于10 A时,则接地电弧不能自行熄灭而产生较高倍数的弧光接地电压(解决办法:中性点经消弧线圈接地)。

(2)寻找故障点的方法

①对变配电所的所有供出线路逐条进行拉闸试验。

②有重合闸装置的,可依次将各线路断路器拉开。若该线路无故障时,便可由重合闸装置随即送上。无重合闸装置的,可用人工操作。

③若在断开某条线路的断路器上,绝缘监察与仪表恢复正常,则说明是这条线路发生了接地故障。

单相接地故障的处理:故障点查出后,对一般性负荷线路,应在切除后进行检修;对带主要负荷的线路又无法由其他线路供电时,应先通知有关部门或车间做好停电准备后再行切除和检修。

4)母线故障的处理

①母线断路器跳闸时,一般先检查母线,只有在消除故障后才能送电。严禁用母线断路器对母线强行送电,以防事故扩大。

②母线断路器因后备保护动作而跳闸(一般因线路故障及线路的继电保护拒绝动作发生越级跳闸)时,应先判明故障元件消除故障,然后再恢复对母线送电。

③母线断路器有重合闸装置,在重合闸失败后,应立即倒换备用母线供电。

④如果跳闸前在母线上曾有人工作过,则更应对母线进行详细检查,以防止误送电而威胁人身设备安全。

5)隔离开关故障的处理

隔离开关接触部分发热原因:大多是由于压紧弹簧或螺栓松动,或是表面氧化所致。

①如果是双母线系统有一组母线的隔离开关发热,应将发热的隔离开关切换到另一组母线上。

②如果是单母线系统母线的隔离开关发热,则应减轻负荷,条件允许时,最好将隔离开关退出运行。若母线可以停电,应立即进行检修,对于不能停电检修又不能减轻负荷时,必须加

强监视。

③如果是线路隔离开关接触部分发热,处理方法与单母线隔离开关发热的处理方法基本相同。

隔离开关拉不开:若是操作机构被冷结,可以轻轻摇动,并注意支持绝缘子及操作机构的每个部分找出发生抗力的地方,如果抗力是发生在刀闸的接触装置上,则不要强行拉开,否则支持绝缘子会受到破坏而引起严重事故,此时唯一的办法是变更主接线的运行方式。

母线和隔离开关的瓷瓶(包括穿墙套管)出现裂纹或崩缺:如暂不影响送电,则可先运行,如发现伴有放电现象,应报告上级后再进行停电处理。

6)造成全所停电的几种情况

①单电源、单母线运行时发生短路事故。

②变配电所受电线路故障。

③上一级系统电源故障。

④主要电气设备故障。

⑤二次继电保护拒动,造成越级跳闸。

全所停电的处理方法:

①如果变配电所全所停电是由于上一级电源故障或受电线路故障而造成的,则向用户供电线路的出口断路器均不必切断。电压互感器柜应保持在投入状态,以便根据电压表指示和信号判明是否恢复送电。

②由于变压器内部故障使重瓦斯动作,主变压器两侧断路器全部断开,如是单台主变压器运行,就会造成全所停电,这时应将二次侧负荷全部切除,将一次侧刀闸拉开,待主变事故处理好后再恢复送电。

③对于断路器拒动或保护失灵造成越级跳闸而使全所停电的事故,要根据断路器的合、分位置和事故特征,准确判断后,立即向调度汇报。根据调度命令将拒动断路器切除,或暂时停掉误动的继电保护装置,然后恢复送电。

7)配电线路的故障处理

①线路故障跳闸后,在查明情况后,根据跳闸原因,决定是否再进行试送电。

②故障跳闸的线路若强送成功后又转为单相接地故障时,应立即拉闸,以验证确系该线路接地。

③对配电线路进行试送电时,如果电流表指针到满刻度后 2 s 内未返回,且保护装置为动作时,应立即拉闸断开电路。

④误拉或误碰开关引起跳闸时,如该开关控制的电路无并列电路,则可立即合上,再向值班长汇报;对有并列电路的,应汇报供电部门,并按调度员的命令进行处理。

⑤若误合备用中的断路器,可立即拉闸后再行汇报。如误拉或误合了隔离开关,应立即停止操作,检查设备是否受到损害,并立即向领导汇报。

8)电气装置过载发热和油箱漏油

运行中电气装置发生过载的原因一般有:

①电力变压器的正常过负荷倍数和允许的持续时间是有一定限度的,经常超过这个限度就会形成长期过载。

②油断路器和隔离开关的额定电流,往往在设计与选用时高于实际负荷。若出现过载,大多数是发生于系统中出现短路故障时。

③导线的实际负荷若大于该导线的安全流量时,应更换较大截面的导线。

④电气装置的实际电压高于额定电压时也会出现过载。同时,高次谐波对补偿电容器也有严重影响,同样会造成电容器外壳封闭很严密,绝缘击穿时所产生的气体将会使外壳膨胀,甚至使电容器发生爆炸。

过载是引起电器装置发热的主要原因:导线连接不牢固,使接触电阻过大、接触部位发热。长期发热就能加速金属导体的氧化过程,大大增加接触电阻,使发热更剧烈;断路器的动、静触头接触不良,会引起接触部分的过热;隔离开关夹紧部件松动,造成刀片和触头接触不良,也会引起过热。

产生渗漏油的原因和处理方法:

①橡胶垫(或盘根)不耐油:更换耐油橡胶。

②耐油橡胶垫加压太紧,使橡胶失去弹性:压紧时应掌握适当的压力,一般宜将橡胶垫压缩 35% ~40%。

③长久未检修橡胶垫或者是使用太久时,其弹性便会减弱:应及时予以更换。

④如用牛皮浸漆后制成密封垫,在油漆未干便注入绝缘油时也会发生渗漏,应待其确定完全干后再进行注油。

⑤由于过热使密封垫老化或焦化(一般多发生于油断路):此时应及时更换,并查处过热原因,采取相应的措施解决。

⑥若油标或放油阀门等处密封不严,也会出现绝缘油的渗漏现象:应密封严实。

⑦油箱或油管等焊接质量不好,出现隙缝而造成渗漏油:应及时安排进行焊补。

【案例分析】

[案例 3.1]　永川供电局 110 kV 永川变电站一般电网事故

事故前运行方式:

永川地区遭受暴雨、雷电、大风袭击。首先,110 kV 侧 110 kV 大永#122 零序三段保护动作。开关跳闸后,#2 主变 110 kV 侧间隙过流保护动作,开关跳闸,110 kV 来永东#125 开关跳闸,随后 220 kV 来苏变电站侧 110 kV 来永西线#124 横差保护动作,开关跳闸,造成 110 kV 永川变电站全站失电。

事故经过:

由于事故发生时,雷、雨、风太猛烈,在值班人员无法检查一次设备的情况下经两次试送电未成功,之后将 110 kV 母联#120 开关拉开后,试送来永东#125 开关对 110 kV Ⅱ段母线送电正常,之后,恢复#2 号主变及各条出线供电正常。

事故原因：

永川变电站 110 kV Ⅰ 段母线 B 相断线造成此次电网事故的主要原因。

暴露的问题：

(1)110 kV 母线设备的连接方式不合理(T 接)；

(2)设备接头发热无检查手段；

(3)带电备用的线路常遭受雷击，未制定出有效的防范措施；

(4)调度员、值班员在事故处理中缺乏经验。

防范措施：

(1)对 110 kV 级以上的母线连接由 T 形连接全部改为压接；

(2)当线路遭受雷击后应检查母线接触状况；

(3)购买红外线测温仪，进行接头温度测量；

(4)对带电备用的线路应研究改进防雷设施，增强抗雷能力；

(5)加强规程制度的学习，增强反事故演习的实际运用能力。

[案例 3.2]　　跑错间隔、铝梯碰靠带电设备造成 110 kV 事故

事故经过：

某电厂电气开关班准备对 1335 断路器 B 相断口进行换油及检查处理动、静触头的工作，工作许可后，工作负责人和工作班成员(其中包括班长)分散开始做准备工作，班长拿了一副安全带及一架铝合金升降梯，率先走到了 2 号主变压器 220 kV 开关间附近，将安全带和梯子放在地上后，将 Ⅰ 期 220 kV 升压站简易仓库内一空油桶滚至 1335 断路器间隔，然后又回至 2 号主变压器 220 kV 断路器间隔附近，拿起梯子朝 1335 间隔方向走去，当时他老远看见 1336 间隔 C 相断路器断口下地面放着几件套筒及专用工具，就走过 1335 间隔站到 1336B 相断路器断口下地面，未等工作班其他成员到场，就将梯子根部着地，用右脚撑牢梯子根部，手拉尼龙绳将梯子升到最高，在梯子渐靠 B 相断路器母线侧断口时，梯子根部即产生电弧光，将班长右脚踝部灼伤，并使得断路器跳闸，母线失电。

事故主要原因：

(1)班长作为该项工作的工作成员之一，在任务重、人手紧的情况下忽视了安全，未能严格执行安规"至少应有两人一起工作"的规定，在独自搬拿梯子中又未认真核对设备命名，以致跑错隔间。

(2)工作负责人在办理好工作票许可手续后，未能按规定及时向工作人员交代现场安全措施，带电部分和其他注意事项。

(3)在 1335 断路器检修工作中，工器具摆放不妥，放在靠近相邻 1336C 相断路器附近地面，以致造成错觉，跑错隔间。

防范措施：

(1)应严格执行《电业安全工作规程》(发电厂、变电所电气部分)有关规定，工作许可人必须会同工作负责人到现场再次检查所做的安全措施，证明检修设备确实无电压。工作许可后，工作负责人必须向工作人员交代现场安全措施、带电部分和其他注意事项。

（2）对高压设备检修及准备工作，必须要有两人以上一起进行。

（3）检修工具必须放在检修间隔内，防止造成错觉。

[案例 3.3]　璧山供电局 110 kV 璧山变电站一般电网事故　因施工人员误接线造成全站停电（错误接线）

事故经过：

璧山供电局营销中心计量班、配维班一行 4 人对 35 kV 来凤站无人改造工作后的主变电能表接线进行检查，工作负责人江某在办理好工作票后，未对工作人员交底就安排工作。工作人员余某和江某用校验仪表检查#2 主变#302 电能表时，发现接线有误，余某在无人监护的情况下独自到 35 kV 主变保护屏后，由于对端子排接线不熟悉，在未认真核对编号的情况下将#2 主变差动保护回路当成计量回路，错误地将其短接，使#2 主变差动保护动作，跳开#2 主变两侧#302、#602 开关，造成全站失电的电网事故。

事故原因：

（1）电能计量工余某在工作中不认真核对设备名称、编号，对业务不熟悉，盲目施工，是造成此次事故的直接原因；

（2）电能计量专员江某在此次事故中作为工作负责人，工作前未对工作人员进行安全技术交底，且在工作中未认真履行监护职责，贯规不力，是造成此次事故的重要原因；

（3）工作班成员在工作现场未提醒工作负责人交代安全注意事项，监督执行《电业安全工作规程》不力，是造成此次事故的原因之一；

（4）营销中心相关领导对职工的安全培训、业务技能培训不力，也是造成此次事故的原因之一。

暴露问题：

（1）安全意识较差，工作责任心不强，工作前不进行安全技术交底，工作中不认真核对设备名称、编号，盲目开工；

（2）技术业务水平差，更换新设备后，对设备不熟悉；

（3）工作监护不力，工作负责人（监护人）未严格执行监护制度，在工作班成员不熟悉现场设备的情况下脱离监护。

防范措施：

（1）加强安全思想教育，提高安全防范意识；

（2）加强业务技术学习培训，提高业务技术水平；

（3）认真开展工作危险点分析及预控工作，多开展事故预想工作；

（4）工作中严格贯规。

[案例 3.4]　长寿供电局 110 kV 云台山变电站一般电网事故　因值班员误拉开关造成 7 个变电站全站停电

事故前运行方式：

110 kV 云台变电站 110 kV 新云#123 来电上 II 段母线，110 kV 狮云#121 来电上 I 段母线运行，110 kV 分段开关#120 备用。同时云台变电站通过 110 kV 云卧#124 向 10 kV 卧龙河变电站和由卧龙河变电站转供 5 个变电站供电。

地调室调度员雷某向 110 kV 云台变电站当值正班吉某下达调度命令:"停用云台变电站 110 kV BZT 装置,将 110 kV 母联#120 开关由备用转运行,检查有电流,将 110 kV 母联#123 由运行转停用"。由于云台变电站当日站内录音电话存在故障不能录音,当值正班吉某接受调度命令时在未录音、也未复诵的情况下,将调度命令错误的听为"将 110 kV 狮云线#121 开关由运行转停用"并命令当值副班填写操作票。完成此操作后向地调袁某汇报:"已将云台 110 kV BZT 装置停用,已将 110 kV 母联#120 由备用转为运行,已将 110 kV 狮云线#121 由运行转停用。"

袁某在复诵过程中,由于地调室另外两位调度员雷某和陈某正在接听其他站汇报的情况而无法实施监听,袁某误将狮云线听成新云线,认为 110 kV 云台变电站侧新云线已经由运行转为停用,便对雷某说:"云台变电站 110 kV 新云线已经停好",于是雷某向 220 kV 东新村变电站下达调度命令:"将 110 kV 新云线#133 由运行转停用、验明#1333 刀闸线路侧无电后推上#1330 接地刀闸,并挂外线工作标示牌一块"。当#133 开关拉开时,110 kV 云台变电站全站失电,引起了其他的站停电。

事故原因:

操作人员误听调度命令,误操作且向调度汇报,调度值班人员误听操作汇报并下达错误调度命令,造成此次大面积停电电网事故。

暴露问题:

(1)值班员工作责任心较差,对录音设备的缺陷未能及时汇报处理,埋下了事故隐患;

(2)各部门工作缺乏沟通,对现代化设备未能熟练掌握,不能适应供电局安全生产的要求;

(3)值班员和调度员未能认真贯彻执行《安全规程》《运行规程》和《调度规程》,发布调度命令和汇报时,未坚持命令复诵制。

防范措施:

(1)运行所、调度所立即组织全所人员进行事故分析,检查自己的工作和行为,从严查找违章违纪现象,制定相应的防范措施,以吸取教训;

(2)强调值班员接受调度命令时必须复诵并实时录音,并重放核实;

(3)各车间、公司及班组应加强《安全规程》《运行规程》《调度规程》等规章制度的学习,杜绝习惯性违章行为;

(4)加强职工技术能力的培训。强化职工的安全责任心、责任感。各车间、班组、站加大安全考核力度,发现违规、违章的行为必须立刻制止。

[案例 3.5] 操作人员带负荷拉刀闸事故

事故经过:

对 6 kV 电缆进行停电检修工作,调度员命令:"将 6 kV 总路开关#611,总路开关#612 由运行转停用。当值正班左某接受调度命令后独自填写操作票,未向副班周某交代操作任务。于是,左某填好操作票后,认为只是简单的倒闸操作,于是将操作票放在控制室的桌子上,未带操作票,拉开#611开关后去拉#6111刀闸,结果拉不开,所以改拉#6121,由于#612在合位,就导致了带负荷拉刀闸的恶性误操作事故的发生。

事故原因:

(1)当值正班严重违规,在倒闸操作中未使用操作票,单人操作,失去操作依据和监护;

(2)值班人员安全意识差,工作责任心不强;

(3)未认真核对设备状态,带负荷拉刀闸。操作前未认真按照按规要求进行验电工作,造成带负荷拉刀闸的恶性误操作。

暴露问题:

(1)习惯性违章严重,无票操作和无监护操作,不认真执行操作票制度;

(2)平时技术培训流于形式,值班人员业务技术欠缺。

防范措施:

加强《安全规程》的学习,倒闸操作和"两票"及监护制作为竞赛的重点。

项目 **4**

电气安全工作制度

任务 1　安全工作组织措施

 学习要点

➤ 高压设备安全作业组织措施的内容
➤ 10 kV 高压设备配电变压器的更换工作前的安全手续的内容和履行方法

 技能要求

➤ 会按照电力安全作业的组织措施要求,完成 10 kV 配电变压器的更换工作

【基本内容】

4.1　高压设备安全作业组织措施的内容

保证安全的组织措施主要有:现场勘察制度,工作票制度,工作许可制度,工作监护制度,工作间断、转移和终结制度,农村电工安全作业制度。

4.1.1　现场勘察制度

进行电力线路施工作业或工作票签发人和工作负责人认为有必要现场勘察的施工(检修)作业,施工、检修单位均应根据工作任务组织现场勘察,并做好记录。

应查看现场施工(检修)作业需要停电的范围、保留的带电部位和作业现场的条件、环境及其他危险点等。

根据现场勘察结果,对危险性、复杂性和困难程度较大的作业项目,应编制组织措施、技术措施、安全措施,经本单位主管生产领导(总工程师)批准后执行。

4.1.2　工作票制度

工作票是指将需要检修、试验的设备填写在具有固定格式的书面上，以作为进行工作的书面联系，这种印有电气工作固定格式的书页称为工作票。准许在电气设备或线路上工作的书面命令，是明确安全职责、向作业人员进行安全交底，履行工作许可手续、实施安全技术措施的书面依据，是工作间断、转移和终结的手续。

工作票是保证电气设备检修时人身和设备安全的重要组织措施之一。工作票是以特定的工作任务，使用具有固定格式的书页，以作为进行工作的书面连续，这种书页称为工作票。工作票是批准在电气设备上工作的一种书面命令，也是明确安全责任，向全体工作人员现场交底，办理工作许可、终结手续，实施技术措施、安全措施等各项内容的书面依据。

①填用第一种工作票的工作。高压设备上工作需要全部停电或部分停电者；高压室内的二次接线和照明等回路上的工作，需要将高压设备停电或做安全措施者；在停电线路（或在双回线路中的一回停电线路）上的工作；在全部或部分停电的配电变压器台架上或配电变压器室内的工作。

②填用第二种工作票的工作。带电作业和在带电设备外壳上的工作；控制盘和低压配电盘、配电箱、电源干线上的工作；二次接线回路上的工作，无须将高压设备停电者；转动中的发电机、同期调相机的励磁、回路或高压电动机转子电阻回路上的工作；非当值值班人员用绝缘棒和电压互感器定相或用钳形电流表测量高压回路的电流；带电线路杆塔上的工作；在运行中的配电变压器台上或配电变压器室内的工作。

1）工作票的种类及使用范围

（1）第一种工作票

适用范围：在高压电气设备（包括线路）上工作，需要全部停电或部分停电；在高压室内的二次接线和照明回路上工作，需要将高压设备停电或作安全措施。

（2）第二种工作票

适用范围：带电作业和在带电设备外壳（包括线路）上工作；在控制盘、低压配电盘、低压配电箱、低压电源干线上工作；在二次回路接线上工作，无须将高压设备停电；无须将高压设备停电的工作，在转动中的发电机、同期调相机的励磁、回路或高压电动机转子电阻回路上的工作。

口头或电话命令：用于第一和第二种工作票以外的其他工作。口头或电话命令，必须清楚准确，值班员应将发令人、负责人及工作任务详细记入操作记录簿中，并向发令人复诵核对一遍。

2）工作票的正确填写与签发

工作票的正确填写：工作票由签发人填写，也可由工作负责人填写。

工作票签发人应由工区、变电所熟悉人员技术水平、熟悉设备情况、熟悉安全规程的生产领导人、技术人员或经主管生产领导批准的人员担任。

工作票签发人的安全职责为：工作必要性和安全性；工作票上所填安全措施是否正确完备；所派工作负责人和工作班人员是否适当和充足。

工作签发人的安全职责：

①工作必要性和安全性；

②工作票上所填安全措施是否正确完备；

③所派工作负责人和工作班人员是否适当和充足；

④工作票签发人不得兼任该项工作的工作负责人。

注意：工作票签发人不得兼任所签发任务的工作负责人；工作许可人不得签发工作票。一个工作负责人只能发给一张工作票。

在几个电气连接部分上，依次进行不停电的同一类型的工作，可以发给一张第二种工作票。

工作票要使用钢笔或圆珠笔填写，一式两份，一份必须经常保存在工作地点，由工作负责人收执，另一份由值班员收执，按值移交，在无人值班的设备上工作时，第二份工作票由工作许可人收执。填写正确清楚，不得任意涂改，如果个别错、漏字需要修改，允许在错漏处将两份工作票作同样修改，字迹应清楚。

几个班同时进行工作时，工作票可发给一个总的负责人。若至预定时间，一部分工作尚未完成，仍须继续工作而不妨碍送电者，在送电前，应按照送电后现场设备带电情况，办理新的工作票，布置好安全措施后，方可继续工作。工作负责人(监护人)由车间(分场)或工区(所)主管生产的领导书面批准。工作负责人可以填写工作票。

可以填写一张工作票的情况：

①工作票上所列的工作地点，以一个电气连接部分为限的可填写一张工作票。

②若一个电气连接部分或一个配电装置全部停电，则所有不同地点的工作，可以填写一张工作票，但要详细填明主要工作内容。

③几个班同时进行工作时，在工作票工作负责人栏内填写总负责人的名字，在工作班成员栏内只填明各班的负责人，不必填写全部工作人员的名字。

④若检修设备属于同一电压等级、位于同一楼层、同时停电，且工作人员不会触及带电设备时，则允许在几个电气连接部分共用一张工作票。

⑤如果一台变压器停电检修，其各侧断路器也一起检修，能同时停送电，虽然其不属于同一电压，为简化安全措施，也可共用一张工作票。

工作票的使用(执行)：

①第一种工作票应在工作的前一天交给值班员；

②第二种工作票应在进行工作的当天预先交给值班员。

第二种工作票不办理延期手续，到期尚未完成工作应重新办理工作票。两种工作票的有效时间以批准的检修期为限。

4.1.3 工作许可制度

工作许可人负责审查命令是否正确，工作票所列安全措施是否正确完备，是否符合现场条件；负责检查工作现场布置的安全措施是否完善；负责检查停电设备有无突然来电的危险；对工作票中所列内容即使产生很小的疑问，也必须向工作票签发人询问清楚，必要时应要求作详细补充。工作许可人在完成以下手续后，工作班方可开始工作：会同工作负责人到现场再次检查所做的安全措施，对具体的设备指明实际的隔离措施，证明检修设备确无电压。对工作负责人指明带电设备的位置和注意事项。和工作负责人在工作票上分别确认、签名。

工作许可人的安全职责：

①负责审查工作票所列安全措施是否正确、完备，是否符合现场条件；

②工作现场布置的安全措施是否完善，必要时予以补充；

③负责检查检修设备有无突然来电的危险；

④对工作票所列内容即使产生很小的疑问，也必须向工作票签发人询问清楚，必要时应要求作详细补充。

工作许可应完成的工作：

①审查工作票：工作许可人完成；

②布置安全措施：工作许可人完成；

③检查安全措施：工作许可人和工作负责人共同完成；

④签发许可工作：工作许可人和工作负责人共同完成。

工作许可应注意的事项：

①线路停电检修，必须将可能受电的各个方面都拉闸停电，并挂好接地线，再将工作班组数目、工作负责人姓名、工作地点和工作任务记入记录簿中，才能发出许可工作的命令；

②许可开始工作的命令，必须通知到工作负责人；

③严禁约时停、送电；

④工作许可人、工作负责人任何一方不得擅自变更安全措施。

工作负责人（监护人）在办完工作许可手续后，在工作班开工之前应向工作班人员交代现场安全措施；指明带电部位和其他注意事项。工作开始以后，工作负责人必须始终在工作现场，对工作人员的安全认真监护。

监护工作要点：

①监护人应有高度责任感；

②监护人因故离开工作现场，应指定一名技术水平高且能胜任监护工作的人代替监护；

③监护人一般只做监护工作，不兼作其他工作；

④专人监护和被监护人数。

专职监护人：

①明确被监护人员和监护范围；

②工作前对被监护人员交代安全措施、告知危险点和安全注意事项；

③监督被监护人员遵守本规程和现场安全措施，及时纠正不安全行为。

监护内容：

①部分停电时，监护所有工作人员的活动范围，使其与带电部分之间保持不小于规定的安全距离；

②带电作业时，监护所有工作人员的活动范围，使其与接地部分保持安全距离；

③监护所有工作人员工具使用是否正确，工作位置是否安全，操作方法是否得当。

4.1.4 工作间断、转移和终结制度

1）工作间断制度

工作间断时，工作班人员应从工作现场撤离，所有安全措施保持不变，工作票仍由工作负责人执存，间断后继续工作，无须通过工作许可人即可复工。每日收工后，清扫现场，所有安全措施不变，工作票交回值班员。

白天工作间断时，工作地点的全部接地线仍保留不动。如果工作班须暂时离开工作地点，则应采取安全措施和派人看守，不让人、畜接近挖好的基坑或未竖立稳固的杆塔以及负载的起重和牵引机械装置等。恢复工作前，应检查接地线等各项安全措施的完整性。

在工作中遇雷、雨、大风或其他任何情况威胁到工作人员的安全时，工作负责人或专责监护人可根据情况，临时停止工作。

如果经调度允许的连续停电、夜间不送电的线路，工作地点的接地线可以不拆除，但次日恢复工作前应派人检查。

填用数日内工作有效的第一种工作票，每日收工时如果将工作地点所装的接地线拆除，次日恢复工作前应重新验电挂接地线。

2）工作转移制度

工作转移制度是指每转移一个工作地点，工作负责人应采取哪些安全措施的制度。

在同一电气连接部分用同一工作票依次在几个工作地点转移工作时，全部安全措施由值班员在开工前一次做完，不需再办理转移手续。

3）工作终结制度

完工后，工作负责人（包括小组负责人）应检查线路检修地段的状况，确认在杆塔上、导线上、绝缘子串上及其他辅助设备上没有遗留的个人保安线、工具、材料等，查明全部工作人员确由杆塔上撤下后，再命令拆除工作地段所挂的接地线。接地线拆除后，应即认为线路带电，不准任何人再登杆进行工作。多个小组工作，工作负责人应得到所有小组负责人工作结束的汇报。

工作终结后，工作负责人应及时报告工作许可人，工作许可人在接到所有工作负责人（包括用户）的完工报告，并确认全部工作已经完毕，所有工作人员已由线路上撤离，接地线已经全部拆除，与记录簿核对无误并做好记录后，方可下令拆除各侧安全措施，向线路恢复送电。

4.1.5 农村电工安全作业制度

农村供电所存在的问题：

①管理水平低；

②产权不清；

③设备陈旧；

④维护范围大；

⑤人员素质低。

1）农村电工安全作业制度

①电气操作必须根据值班负责人的命令执行，执行时应由两人进行，低压操作票由操作

人填写,每张操作票只能执行一个操作任务。

②电气操作前,应核对现场设备的名称、编号和开关的分、合位置,操作完毕后,应进行全面检查。

③电气操作顺序:停电时应先断开开关,后断开刀开关或熔断器;送电的顺序刚好相反。

④合刀开关时,当刀开关动触头接近静触头时,应快速将刀开关合上;拉刀开关时,当动触头快离开静触头时,应快速断开。

2)保证低压电气设备上工作的安全组织措施

①工作票制度:低压停电工作应使用低压第一种工作票;在低压设备上间接带电作业应使用低压第二种工作票。

②工作许可制度:工作负责人未接到工作许可人工作的命令,严禁工作。

③工作监护制度和现场看守制度:工作监护人由工作负责人担任,当施工现场用一张工作票分组到不同的地点工作,各小组监护人可由工作负责人指定。

④工作间断制度。

⑤工作终结、验收和恢复送电制度:

全部工作完成后,工作人员应整理清扫现场,并对工作竣工检查后,工作人员方可撤离工作地点,工作负责人向工作许可人报告全部工作结束。工作许可人与工作负责人到现场检查验收,在工作票上填明终结时间,工作票终结。工作许可人拆除安全措施,恢复供电。工作终结手续只有在同一停电系统的所有工作票都已终结,并得到值班调度员或运行值班负责人的许可指令后,方可合闸送电。

【案例分析】

[案例 4.1] 杨家坪供电局 110 kV 和尚山变电站因老鼠短路造成 10 kV 母线失电事故

事故经过:

两只老鼠进入 110 kV 和尚山变电站 10 kV 分段#620 开关柜内,引起 10 kV 母线三相短路,开关烧坏;10 kV Ⅰ、Ⅱ段母线失电。

事故原因:

事故发生后,检查该站电缆沟封堵完好,但 10 kV 分段#620 开关柜与隔墙墙壁有 4 cm 的缝隙未封堵,由于运行、检修人员在平时工作中进出开关室未养成随手关门的习惯,老鼠乘机进入室内,偶然进入#620 开关柜缝隙并爬上了带电铝排,造成三相短路。

暴露问题:

(1)10 kV 开关室内与#620 开关柜之间有缝隙,封堵不严;

(2)运行、检修人员未遵守"进出 10 kV 开关室必须随手关门"的规定。

防范措施:

(1)进一步强调值班员职责,加强对运行设备封堵情况的巡视检查;

(2)在变电站 10 kV 开关室内门口加装挡板以阻挡小动物的进入,确保运行设备安全。

[案例 4.2] 重庆发电厂燃料检修工在#20 皮带消缺时作业被转动机械伤害造成人身重伤事故

事故经过：

燃运车间维护班班长安排蒋某及闫某消除#20输煤皮带机#3犁煤器刮煤不净的缺陷，并开具工作票，工作负责人蒋某未与运行班长取得联系，就带领检修工闫某到#20带现场，与#20带值班员李某联系后，开始检修作业，蒋某蹲在皮带上紧犁煤器犁刀螺栓。8点30分左右输煤机空室值班员启动#20皮带上，检修工闫某见状立即拉下#20皮带的事故拉线开关，使皮带停止转动，随后蒋某被送往厂医院。

事故原因：

（1）工作负责人蒋某未办理工作票手续，未经工作票许可擅自进行工作，是造成事故的主要原因；

（2）现场值班员李某未履行许可人职责，对无票作业未制止是造成事故的次要原因。

暴露问题：

（1）"两票三制"执行不严格，工作负责人蒋某，#20带值班员李某不遵守工作票制度，未履行工作票许可手续，就开始作业；

（2）车间安全管理存在薄弱环节，对规章制度的执行情况检查不严格。

防范措施：

（1）加强安全管理，严格执行工作票制度，杜绝无票作业。

（2）组织车间职工认真学习工作票制度，并进行考试。

（3）编制完善典型的操作票，严格执行操作票制度，将"就地远方切换"单独列项操作。

（4）加强运行人员现场技能培训，组织认真学习现场运行规程。

［案例4.3］ ××电力送变电建设公司2002年4月24日高空坠落人身死亡事故

事故背景资料：

2002年4月24日14时，××电力送变电建设公司四分公司红叶项目处第三施工队合同工吕××、张××二人在N147进行#2塔中相导线的紧线操作工作。当吕××骑线出去解除临锚导线的卡线器时，由于使用的手扳葫芦突然打滑失控，导致其安全带被拉断，吕××从临锚线（手扳葫芦链条）上跌落到地面造成重伤，随即送往医院抢救，于15时30分死亡。

事故暴露的主要问题及违反规程的相应条款：

（1）紧线操作时使用的主要受力工器具手扳葫芦打滑是事故发生的主要原因。经对手扳葫芦解剖进行内部检查，发现摩擦片上有部分油脂，摩擦片摩擦系数降低，而且手扳葫芦的尾部余链也未锁紧。因吕××在手扳葫芦链条上移动时产生震动外力作用，手扳葫芦打滑失控。违反《电力安全工作规程》（电力线路部分）第9.2.8条的规定，使用链条葫芦前应检查吊钩、链条、传动装置及刹车装置，吊钩链轮或倒卡变化以及链条磨损达直径的15%者严禁使用，刹车片严禁沾染油脂。

（2）吕××违章作业。在铁塔上作业，未使用二道防线或速差保护器进行二道保护。违反《电力安全工作规程》（电力线路部分）第6.2.5条的规定，在杆塔高空作业时，应使用有后备绳的双保险安全带，安全带和保护绳应分挂在杆塔不同部位的牢固构件上，应防止安全带被锋利物伤害。

（3）施工队未严格认真执行作业指导书。项目部针对该工程特点编写了"半平衡挂线安全施工技术措施",但所列的安全施工技术措施没有得到有效执行,重要的操作过程由合同民工单独操作,致使吕××失去高空监护。违反《电力安全工作规程》(电力线路部分)第2.5.2条的规定,工作负责人对有触电危险、施工复杂容易发生事故的工作,应增设专责监护人和确定被监护的人员。

应吸取的事故教训:

(1)施工机具应在使用前进行检查,特别是对链条葫芦之类重要的受力机具要进行认真检查,防止因机具不合格造成事故。

(2)对于高空作业要正确使用安全工器具,在出线作业或转位时,不得失去安全绳的保护。

(3)要严格按照作业指导书的要求,充分发挥专责监护人的作用,专责监护人要始终在作业现场,对工作人员的安全进行认真监护,及时纠正不安全的行为。

针对事故应采取的预防措施:

(1)对于施工机具和安全工器具应设专人管理,入库、出库、使用前应进行检查。禁止使用损坏、变形、有故障等不合格的施工机具和安全工器具。特别是对手扳葫芦必须进行力学试验,每一个葫芦检修必须有完整记录,保管时必须利用架子挂起,以免浸进机油,使刹车片打滑。

(2)高处作业除正确使用安全带外,还应有二道防线或速差保护器进行双重保护。

(3)对施工复杂容易发生事故的工作,应增设专职监护人,专职监护人要始终在作业现场,对工作人员的安全进行认真监护,及时纠正不安全的行为,并不得从事其他工作。

【自测题】

一、填空题

1.工作票要用钢笔或圆珠笔填写一式_____份,如有个别错、漏字需要修改时,应_____。

2.在停电后装接地线前,要先用_____以确认有无电压。

3.线路的验电应_____进行。对同杆塔架设的_____电力线路进行验电时,先验_____、后验_____,先验_____、后验_____。线路检修联络用的断路器或隔离开关时,应在其_____验电。

4.装设接地线必须先接_____,后接_____,且必须接触良好。拆接地线的顺序与此_____。

5.如果线路上有人工作,应在线路断路器和隔离开关操作把手上悬挂"_____"的标示牌,标示牌的悬挂和拆除,应按调度员的命令执行。

二、选择题

1.在低压电动机和在照明回路上的工作(　　)。

    A.填用第二种工作票

    B.填用第一种工作票

C.口头联系,但至少两人工作

2.检修工作结束以前,因需要将设备试加工作电压后,工作班若需继续工作时,应(   )。

　　A.经工作许可人同意

　　B.重新履行工作许可手续

　　C.重新签发工作票并办理许可手续

3.在电气设备上工作,保证安全的电气作业组织措施有:工作票制度,(   ),工作监护制度,工作间断、转移和终结制度。

　　A.工作许可制度　　　　　　　　B.操作票制度

　　C.防火安全制度　　　　　　　　D.安全保卫制度

4.工作监护人一般由(   )担任。

　　A.工作负责人　　　　　　　　　B.工作票签发人

　　C.工作许可人　　　　　　　　　D.工作班成员

5.在高压室内的二次接线和照明回路上工作,需要将高压设备停电或做安全措施时应使用(   )。

　　A.第一种工作票　　　　　　　　B.第二种工作票

　　C.口头指令　　　　　　　　　　D.倒闸操作票

三、判断题

1.在工作票执行期间,监护人一般只做监护工作,不兼做其他工作。　　　　　（   ）

2.工作负责人(监护人)在全部停电时,可以参加工作班工作。　　　　　　（   ）

3.工作票应妥善保存3个月。　　　　　　　　　　　　　　　　　　　（   ）

4.安全标示牌"禁止合闸,线路有人工作"应悬挂在线路开关和隔离开关的把手上。

　　　　　　　　　　　　　　　　　　　　　　　　　　　　　　　（   ）

5.线路停电检修,值班调度员必须在发电厂、变电所将线路可能受电的各方面都拉闸停电,并挂好接地线后,才能发出许可工作的命令。　　　　　　　　　　　　（   ）

6.同杆塔架设的多层电力线路挂接地线时,应先挂低压、后挂高压,先挂下层、后挂上层。

　　　　　　　　　　　　　　　　　　　　　　　　　　　　　　　（   ）

四、问答题

1.说明工作票的含义和作用。

2.试述填写工作票的基本要求。

3.试述停电申请的填写要求。

4.试述工作票中工作票签发人、工作负责人、工作许可人的工作职责。

5.在全部停电或部分停电的电气设备或停电线路上工作,必须完成哪些安全作业技术措施?

【小组操作】

10 kV 高压设备配电变压器更换前的安全手续的内容和履行方法：

1. 现场查勘

现场查勘的内容包括：

①需要停电的范围；

②保留的带电部位；

③作业现场的条件、环境及其他危险点；

④应采取的安全措施。

2. 填写第一种工作票

第一种工作票的填写内容：

①工作负责人(监护人)；

②工作班成员(不包括工作负责人)；

③工作的线路或设备双重名称；

④工作任务；

⑤计划工作时间；

⑥安全措施。

3. 办理停电申请

停电申请的签字顺序为：工作班成员提出，填好申请单位负责人、停送电联系人交由调度所；由调度交由用监处。后交由生技科相关人员签字确认后交由局领导签字同意后交由调度所负责方式人员签字同意后返还到相关部门。所有人员签字均不得代签，在当时确无法履行签字手续时，可电话征得当事人同意，事后进行补签。

计划停电检修申请书的填写内容：

①停电编号(收到申请的调度员按收到申请的时间顺序连续编号)；

②申请单位；

③申请方式；

④提出日期；

⑤停电设备名称；

⑥检修内容；

⑦停电范围；

⑧申请时间；

⑨调度中心批准时间；

⑩实际执行时间。

4. 办理工作许可手续

在工作现场，工作负责人核对变压器名称及杆号无误后，列队向全体作业人员宣读配电变压器台(台区)工作票，交代作业内容、停电范围、带电部位、危险点和防范措施及注意 事项，现场作业人员全部清楚后，逐个在工作票上签字确认。经工作许可人许可后开始工作。

5. 办理工作终结手续现场工作完成，办理工作终结手续。

任务2 安全工作技术措施

学习要点

➤ 进行停电操作、验电操作和挂接地线的操作方法
➤ 装设遮拦、悬挂标示牌的位置和种类

技能要求

➤ 掌握电力作业现场的保障安全的技术要领

【基本内容】

4.2 安全工作技术措施

停电操作指在电气设备或线路不带电的情况下,所进行的电气检修工作。

需停电的设备如下:

①待检修的设备;

②与工作人员在进行工作中正常活动范围的距离小于表4.1规定的设备;

表4.1 工作人员工作中正常活动范围与带电设备的安全距离

电压等级/kV	设备不停电时人体对带电体安全距离/m	加设遮拦后对带电体的安全距离/m
10 及以下	0.7	0.35
35	1.0	0.60
110	1.5	1.5
220	3.0	3.0

③带电部分在工作人员后面或两侧无可靠安全措施的设备。

设备上工作停电必须把各方面的电源完全断开。对与停电设备有关的变压器和电压互感器,必须从高、低压两侧断开,防止向停电检修设备反送电。必须拉开隔离开关,使各方面至少有一个明显的断开点。断开断路器和隔离开关的操作能源。

线路上工作停电:断开发电厂、变电所(包括用户)线路断路器和隔离开关。断开需要工作班操作的线路各端断路器、隔离开关和熔断器。断开危及该线路停电作业,且不能采取安全措施的交叉跨越、平行和同杆线路的断路器和隔离开关。断开有可能返回低压电源的断路器和隔离开关。检查断开后的断路器、隔离开关是否在断开位置;断路器、隔离开关的操作机

构应加锁;跌落式熔断器的熔断管应摘下;并应在断路器或隔离开关操作机构上悬挂"线路有人工作,禁止合闸!"的标示牌。

部分停电:指室内或室外高压设备中,仅有一部分停电,或室内高压设备虽然已经全部停电,但邻近的其他高压室的门并未全部闭锁。

全部停电:指室内高压全部停电且必须将邻近的其他高压室的门全部关闭加锁;或室外高压设备全部停电。

电气设备停电检修应切断的电源:

①断开检修设备各侧的电源断路器和隔离开关。

②与停电检修设备有关的变压器和电压互感器,其高、低压侧回路应完全断开。

③断开断路器和隔离开关的操作电源。

④将停电设备的中性点接地刀闸断开。《电业安全工作规程》规定:任何运用中的星形接线设备的中性点,必须视为带电设备,有中性点接地的设备停电检修时,其中性点接地刀闸都应拉开。

4.2.1　停电

将检修设备停电,必须把各方面的电源完全断开(任何运行中的星形接线设备的中性点,必须视为带电设备)。必须拉开电闸,使各方面至少有一个明显的断开点,与停电设备有关的变压器和电压互感器,必须从高、低压两侧断开,防止向停电检修设备反送电。禁止在只经开关断开电源的设备上工作,断开开关和刀闸的操作电源,刀闸操作把手必须锁住。

4.2.2　验电

验电的目的是验证停电作业的电气设备和线路是否确无电压,防止带电装设接地线或带电合接地刀闸等恶性事故的发生。

验电的方法:

验电前,应先在有电设备上进行试验,以确认验电器良好,如果在木杆、木梯或木架上验电,不接地线不能指示者,可在验电器上接地线,但必须经值班负责人许可。

验电时,必须用电压等级合适而且合格的验电器。在检修设备的进出线两侧分别验电。

35 kV 以上的电气设备,在没有专用验电器的特殊情况下,可以使用绝缘棒代替验电器,根据绝缘棒端有无火花和放电声来判断有无电压。高压验电必须戴绝缘手套。表示设备断开和允许进入间隔的信号,经常接入的电压表等,不得作为无电压的根据。如果指示有电,则禁止在该设备上工作。检修开关、刀开关或熔断器时,应在断口两侧验电。

杆上电力线路验电时,应先验下层,后验上层;先验距人体较近的导线,后验距人体较远的导线。

4.2.3　装设接地线

1)接地线的作用

①当工作地点突然来电时,能防止工作人员触电伤害;

②当停电设备或线路突然来电时,接地线造成突然来电的三相短路,使保护动作,迅速断开电源,消除突然来电;

③泄放停电设备或线路由于各种原因产生的电荷。

当验明设备或线路确无电压后,应立即将检修设备或线路用接地线(或合接地刀闸)三相短路接地。这是保证工作人员在工作地点防止突然来电的可靠安全措施,同时设备断开部分的剩余电荷,也可因接地而放尽。

2)装设接地线的原则

对于可能送电至停电设备的各部位或可能产生感应电压的停电设备都要装设接地线,所装接地线与带电部分应符合规定的安全距离。

①凡可能送电至停电设备的各侧,或停电设备可能产生感应电压的均应装设接地线。

②停电线路工作地段的两侧应装设接地线。

③发电厂、变电站母线检修时,若母线长度在 10 m 以内,母线上只装设一组接地线;若母线长度大于 10 m 时,应视母线上电源进线的多少和分布情况及感应电压的大小,适当增设接地线。

④同杆架设的多层电力线路挂接地线时,应先挂下层导线,后挂上层导线;先挂离人体较近的导线(设备),后挂离人体较远的导线(设备)。

⑤当运行线路对停电检修的线路或设备产生感应电压而又无法停电时,应在检修的线路或设备上加挂接地线。

⑥挂接地线时,必须先将地线的接地端接好,然后再在导线上挂接。拆除接地线的程序与此相反。

⑦接地线与接地极的连接要牢固可靠,不准用缠绕方式进行连接,禁止使用短路线或其他导线代替接地线。

⑧若设备处无接地网引出线时,可采用临时接地棒接地,接地棒在地面下的深度不得小于 0.6 m。

⑨为了确保操作人员的人身安全,装、拆接地线时,应使用绝缘棒或戴绝缘手套,人体不得接触接地线或未接地的导体。

⑩严禁工作人员或其他人员移动已挂接好的接地线。如需移动时,必须经过工作许可人同意并在工作票上注明。

⑪接地线由一根接地段与三根或四根短路段组成。接地线必须采用多股软裸铜线,单根截面不得小于 25 mm^2。严禁使用其他导线作接地线。

⑫由单电源供电的照明用户,在户内电气设备停电检修时,如果进户线刀开关或熔断器已断开,并将配电箱门锁住,可不挂接地线。

4.2.4 悬挂标示牌

可提醒有关人员及时纠正将要进行的错误操作和行为,防止误操作而错误地向有人工作的设备合闸送电,防止工作人员错走带电间隔和误碰带电设备。

遮拦可限制工作人员的活动范围,防止工作人员在工作中对高压带电设备的危险接近,如图 4.1 所示。

在下列开关、刀开关的操作手柄上应悬挂"禁止合闸,有人工作"的标示牌:

①一经合闸即可送电到工作地点的开关、刀开关;

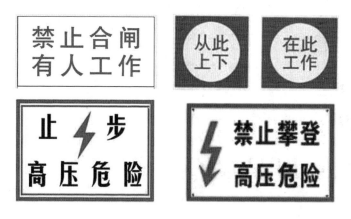

图 4.1 部分标示牌和遮拦

②已停用的设备,一经合闸即可启动并造成人身触电危险、设备损坏或引起总剩余电流动作、保护器动作的开关、刀开关;

③一经合闸会使两个电源系统并列,或引起反送电的开关、刀开关。

在以下地点应挂"止步,有电危险"的标示牌:

①运行设备周围的固定遮拦上;

②施工地段附近带电设备的遮拦上;

③因电气施工禁止通过的过道遮拦上;

④低压设备做耐压试验的周围遮拦上。

在以下邻近带电线路设备的场所,应挂"禁止攀登,有电危险"的标示牌:

①工作人员或其他人员可能误登的电杆或配电变压器的台架;

②距离线路或变压器较近,有可能误攀登的建筑物。

4.2.5 装设遮拦

①装设的临时木(竹)遮拦,距低压带电部分的距离应不小于 0.7 m,户外安装的遮拦高度应不低于 1.5 m,户内应不低于 1.2 m;

②临时装设的遮拦应牢固、可靠;

③严禁工作人员和其他人员随意移动遮拦或取下标示牌。

4.2.6 低压带电作业的安全规定

①低压带电工作应设专人监护,至少两人作业,其中一人监护,一人操作。

②高低压同杆架设,在低压带电线路工作时,应检查与高压线间的距离,作业人员与高压带电体至少要保持足够的安全距离。

③在低压带电裸导线的线路上工作时,工作人员在没有采取绝缘的情况下,不得穿越其线路。

④严禁在恶劣天气时进行户外带电作业。

⑤禁止在潮湿和潮气过重的室内,禁止带电作业。

项目 5
安全用具的使用与保管

任务1　10 kV 跌落式开关的操作

 学习要点

➤ 绝缘棒，绝缘手套，绝缘靴，高、低压验电器，安全带，安全帽，接地线，脚扣(或升降板)的检查方法

➤ 绝缘棒，绝缘手套，绝缘靴，高、低压验电器，安全带，安全帽，接地线，脚扣(或升降板)的使用和保管方法

 技能要求

➤ 会使用绝缘安全用具进行10 kV 跌落式保险的断开和合闸操作

【基本内容】

5.1　安全用具

为了顺利完成任务而又不发生人身事故,操作工人必须携带和使用各种安全用具。安全用具可分绝缘安全用具和一般防护安全用具。

绝缘安全用具包括:基本安全用具和辅助安全用具。

(1)基本安全用具

绝缘强度大、能长时间承受电气设备的工作电压,能直接用来操作带电设备或接触带电体的用具。属于这一类的安全用具有:高压绝缘棒、高压验电器、绝缘夹钳等。

（2）辅助安全用具

绝缘强度不足以承受电气设备或线路的工作电压,而只能加强基本安全用具的保护作用,用来防止接触电压、跨步电压、电弧灼伤等伤害,不能用来直接接触高压电气设备。属于这一类的安全用具有:绝缘手套、绝缘靴(鞋)、绝缘垫、绝缘台等。

一般防护安全用具:

本身没有绝缘性能,但可以起到防护工作人员发生事故的用具。这种安全用具主要用作防止检修设备时误送电,防止工作人员走错隔间、误登带电设备,保持人与带电体之间的安全距离,防止电弧灼伤、高空坠落等。这些安全用具不具有绝缘性能。属于这一类的安全用具有:携带型接地线、防护眼镜、安全帽、安全带、标示牌、临时遮拦等。

5.1.1　基本安全用具

1)绝缘棒

用来接通或断开带电的高压隔离开关、跌落开关,安装和拆除临时接地线以及带电测量和试验工作。绝缘棒如图5.1所示。

绝缘棒的操作要求:

①为保证操作时有足够的绝缘安全距离,绝缘操作杆的绝缘部分长度不得小于0.7 m;

②要求它的材料要耐压强度高、耐腐蚀、耐潮湿、机械强度大、质轻、便于携带,一个人能够单独操作;

③三节之间的连接应牢固可靠,不得在操作中脱落。

绝缘棒的使用注意事项:

①使用前必须对绝缘操作杆进行外观检查,外观上不能有裂纹、划痕等外部损伤;

②必须是经校验后合格的,不合格的严禁使用;

图5.1　绝缘棒

③必须适用于操作设备的电压等级,且核对无误后才能使用;

④雨雪天气必须在室外进行操作的要使用带防雨雪罩的特殊绝缘操作杆;

⑤操作时在连接绝缘操作杆的节与节的丝扣时要离开地面,不可将杆体置于地面上进行,以防杂草、土进入丝扣中或黏缚在杆体的外表上,丝扣要轻轻拧紧,不可将丝扣未拧紧即使用;

⑥使用时要尽量减少对杆体的弯曲力,以防损坏杆体;

⑦使用后要及时将杆体表面的污迹擦拭干净,并把各节分解后装入一个专用的工具袋内,存放在屋内通风良好、清洁干燥的支架上或悬挂起来,尽量不要靠近墙壁,以防受潮,破坏其绝缘;

⑧绝缘操作杆要有专人保管;

⑨半年要对绝缘操作杆进行一次交流耐压试验,不合格的要立即报废,不可降低其标准

使用；

⑩使用绝缘棒时，工作人员应戴绝缘手套和穿绝缘靴，以加强绝缘棒的保护作用；

⑪使用绝缘棒时，要注意防止碰撞，以免损坏表面的绝缘层。

绝缘棒试验周期：

绝缘棒一般每年必须实验一次，实验项目及标准见表5.1。

表5.1 绝缘棒的试验项目

名　　称	电压等级/kV	周　　期	交流耐压/kV	时间/min
绝缘棒	6～10	每年一次	44	5
	35～154		4倍相电压	
	220		3倍相电压	

2）绝缘夹钳

绝缘夹钳是用来安装和拆卸高压熔断器或执行其他类似工作的工具，主要用于35 kV及以下电力系统。

结构：由工作钳口、绝缘部分（钳身）和握手部分（钳把）组成。其实物图如图5.2所示。

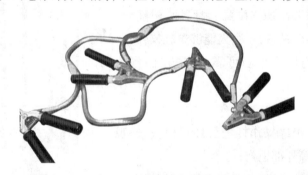

图5.2 绝缘夹钳实物图

绝缘夹钳使用和保管注意事项：

①绝缘夹钳上不允许装接地线，以免在操作时，由于接地线在空中游荡而造成接地短路和触电事故。

②在潮湿天气只能使用专用的防雨绝缘夹钳。

③作业人员工作时，应戴护目眼镜、绝缘手套和穿绝缘靴（鞋）或站在绝缘台（垫）上，手握绝缘夹钳要精力集中并保持平衡。

④绝缘夹钳要保存在专用的箱子或匣子里，以免受潮和磨损。

试验周期：

绝缘夹钳与绝缘棒一样，应每年试验一次，其耐压试验标准见表5.2。

表 5.2　绝缘夹钳耐压试验标准

名　称	电压等级/kV	周　期	交流耐压/kV	时间/min
绝缘夹钳	35 以下	每年一次	3 倍线电压	5
	110		260	
	220		300	

3）高压验电器

验电器又称测电器、试电器或电压指示器,根据所使用的工作电压,高压验电器一般制成 10 kV 和 35 kV 两种。

验电器是检验电气设备、电器、导线上是否有电的一种专用安全工具,如图 5.3 所示。当每次断开电源进行检修时,必须先用它验明设备确实无电后,方可进行工作。

（a）220 kV高压验电器　　　　　（b）10 kV验电器

图 5.3　验电器

高压验电器又称高压测电器,10 kV 高压验电器由握柄、护环、固紧螺钉、氖管窗、金属钩、氖管组成,如图 5.4 所示。

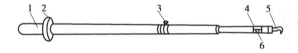

图 5.4　高压验电器结构图

1—握柄;2—护环;3—固紧螺钉;4—氖管窗;5—金属钩;6—氖管

高压验电器使用时注意事项:

①必须使用电压和被验设备电压等级一致的合格验电器。验电操作顺序应按照验电"三步骤"进行,即在验电前,应将验电器在带电的设备上验电,以验证验电器是否良好,然后再在已停电的设备进出线两侧逐相验电。当验明无电后再把验电器在带电设备上复核一下,看其是否良好。

②验电时,应戴绝缘手套,验电器应逐渐靠近带电部分,直到氖灯发亮为止,验电器不要立即直接接触带电部分。

③验电时,验电器不应装接地线,除非在木梯、木杆上验电,不接地的验电器才可能装接地线。

④验电器用后应存放在匣内,置于干燥处,避免积灰和受潮。

检查方法:

①验电器标签、合格证完好,并在有效试验合格期内;

②检查外观无破损、工作触头和绝缘部分有无污垢、损伤、裂纹;

③检查指示氖灯是否损坏、失灵,无损伤和脏污;

④按压工作触头试验按钮,检查声光报警正常;

⑤绝缘杆身连接完好可靠。

试验周期:

对高压验电器应每年试验一次,一般验电器的试验分发光电压试验和耐压试验两部分,试验标准见表5.3。

表5.3　验电器的试验标准

验电器额定电压/kV	发光电压试验		耐压试验			
	氖气管起辉电压/kV	氖气管清晰电压/kV	接触端和电容器引出端之间		电容器引出端和护环边界之间	
			试验电压/kV	试验时间/min	试验电压/kV	试验时间/min
10及以下	2.0	2.5	25	1		
35及以下	8.0	10	35	1		

4)低压验电器

低压验电器又称试电笔或电笔两种。

低压验电器是一种检验低压电器设备、电器或线路是否带电的一种工具,也可用它来区分火(相)线和地(中性)线。试验时氖管灯泡发亮即为火线。此外还可用它来区分交、直流电,当交流电通过氖管灯泡时,两极附近都发亮,而直流电通过氖管时,仅有一个电极发亮。

低压验电器结构由一个高值电阻、氖管、弹簧、金属触头和笔身组成,如图5.5所示。

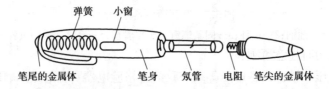

图5.5　低压验电器结构图

低压验电器使用方法,如图5.6所示。

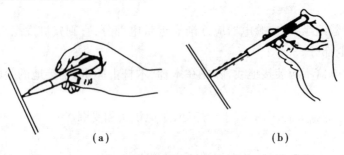

(a)　　　　　　　　　　(b)

图5.6　低压验电器使用方法

①使用时,手拿验电笔,用一个手指触及金属棒,金属笔尖顶端接触被检查的带电部分,

看氖管灯泡是否发亮,如果发亮,则说明被检查部分是带电的,并且灯泡越亮,说明电压越高。

②电压在使用前后也要确知有电设备或线路开关、插座上试验一下,以证明其是否良好。

③低压验电器并无高压验电器的绝缘部分,故绝不允许在高压电气设备或线路上进行试验,以免发生触电事故,只能在 100 ~ 500 V 范围内使用。

5.1.2　辅助安全用具

1)绝缘手套

绝缘手套是劳保用品,起对手或者人体的保护作用,用橡胶、乳胶、塑料等材料做成,具有防电、防水、耐酸碱、防化、防油的功能。

绝缘手套是高压电气设备上进行操作时使用的辅助安全用具,如用来操作高压隔离开关、高压跌落开关、油开关等,如图 5.7 所示。在低压带电设备上工作时,把它作为基本安全用具使用,即使用绝缘手套可直接在低压设备上进行带电作业。绝缘手套可使人的双手与带电物绝缘,是防止同时触及不同极性带电体而触电的安全用品。

图 5.7　绝缘手套实物图

使用绝缘手套时最好带上一双棉纱手套,这样夏天可以防止出汗而操作方便,冬天可以保暖,应将外衣袖扣放入手套的伸长部分里。用绝缘手套,不能抓拿表面尖利、带电刺的物品,以免损伤绝缘手套。绝缘手套使用后应将沾在手套表面的脏污擦净、晾干,最好撒上一些滑石粉,以免粘连。

绝缘手套应存放在干燥、阴凉、通风的地方,并倒置在指形支架或存放在专用的柜内,绝缘手套上不得堆压任何物品。

绝缘手套不准与油脂、溶剂接触,合格与不合格的手套不得混放一处,以免使用时造成混乱。

每半年进行预防性试验。每次使用前应进行外部检查,查看表面有无损伤、磨损、破漏、划痕等。如有砂眼漏气情况,禁止使用。检查方法是,手套内部进入空气后,将手套朝手指方向卷曲,并保持密闭,当卷到一定程度时,内部空气因体积压缩压力增大,手指膨胀,细心观察有无漏气,漏气的绝缘手套不得使用。图 5.8 为绝缘手套检查方法。

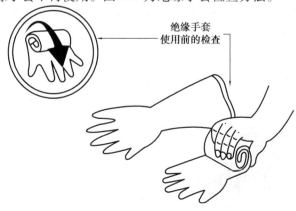

图 5.8　绝缘手套检查方法

使用绝缘手套常见的错误：

①不作漏气检查,不作外部检查。

②单手戴绝缘手套,或有时戴有时不戴。

③把绝缘手套缠绕在隔离开关操作把手或绝缘杆上,手抓绝缘手套操作。

④手套表面严重脏污后不清擦。

⑤操作后乱放,也不做清抹。

⑥试验标签脱落或超过试验周期仍使用。

表5.4为绝缘手套试验标准。

表5.4　绝缘手套试验标准

电压等级	周　期	交流耐压/kV	时间/min	泄漏电流/mA
高压	每6个月1次	8	1	≤9
低压		2.5		≤2.5

2)绝缘垫

绝缘垫可帮助操作人员对地绝缘,避免或减轻发生单相短路或电气设备绝缘损坏时,接触电压与跨步电压对人体的伤害;在低压配电室地面上铺绝缘垫,可代替绝缘鞋起绝缘作用,因此在1 kV以下时,绝缘垫可作为基本安全用具,而在1 kV以上时,仅作为辅助安全用具。

绝缘垫的注意事项如下:

①注意防止与酸、碱、盐类及其他化学药品和各种油类接触,以免受腐蚀后绝缘垫老化、龟裂或变黏,降低绝缘性能。

②避免与热源直接接触使用,防止急剧老化变质,破坏绝缘性能。应在20~40 ℃空气温度下使用。

绝缘垫的试验方法:绝缘垫定期每两年试验一次。

试验标准是:使用在1 000 V以上者试验电压为15 kV;使用在1 000 V以下者试验电压为5 kV,试验时间2 min。

3)绝缘靴(鞋)

绝缘靴(鞋)使人体与地面绝缘;绝缘靴是高压操作时用来与地面保持绝缘的辅助安全用具,而绝缘鞋用于低压系统中,两者都可作为防护跨步电压的基本安全用具,如图5.9所示。

规格:绝缘靴也是由特种橡胶制成的。其规格有:37~41码,靴高(230±10)mm;41~43码,靴高(250±10)mm。绝缘鞋的规格为35~45码。

绝缘靴(鞋)使用及保管注意事项:

图5.9　绝缘靴实物图

①绝缘靴(鞋)不得当作雨鞋使用,其他非绝缘鞋不能代替绝缘靴(鞋)使用;

②为使用方便,一般现场至少配备大、中号绝缘靴各两双,以便于大家都有靴穿;

③绝缘靴(鞋)如试验不合格,则不能再穿用;

④绝缘靴(鞋)在每次使用前必须进行外部检查,查看表面情况,如有砂眼漏气,应严禁使用;

⑤绝缘靴(鞋)应存放在干燥、阴凉的地方,并放在专用柜中,并与其他工具分开放置,其上不得堆压任何物件。

绝缘靴(鞋)的试验标准见表5.5。

表5.5　绝缘靴(鞋)的试验标准

名　称	电压等级	周　期	交流耐压/kV	时间/min	泄漏电流/mA
绝缘靴	高压	每6个月1次	15	1	≤9

【自测题】

一、填空题

1.高压验电器使用前应检查绝缘部分有无_____、损伤、裂纹;检查指示氖泡是否损坏、失灵。

2.绝缘棒和绝缘夹钳应_____试验一次。

3.高压验电器应_____试验一次;一般验电器的试验分_____和_____两部分。

4.绝缘棒主要由_____、_____和_____构成;绝缘夹钳主要由_____、_____和_____组成;低压验电器主要由一个_____、_____、_____和_____组成。

二、选择题

1.验电时,必须用(　　)的验电器。

A.电压等级合适　　　　B.合格　　　　C.电压等级合适而且合格

2.多股软铜线的截面应符合短路电流的要求,即在短路电流通过时,铜线不会因产生高热而熔断,且应保持足够的机械强度,故该铜线截面不得小于(　　)mm²。

A.20　　　　　　B.15　　　　　　C.25　　　　　　D.30

三、判断题

1.绝缘杆应存放在潮湿的地方,靠墙放好。　　　　　　　　　　　　(　　)

2.雷雨天气,需要巡视室外高压设备时,应穿绝缘靴,并不得靠近避雷器和避雷针,雨天操作室外高压设备时,绝缘棒应有防雨罩,还应戴绝缘手套,穿绝缘靴。雷电时禁止进行倒闸操作。　　　　　　　　　　　　　　　　　　　　　　　　　　(　　)

四、问答题

1. 试说明高压验电器的作用和使用方法。

2. 什么是验电三步骤?

3. 试述绝缘棒的用途和使用、保管注意事项。

【小组操作】

10 kV 跌落式开关的操作

1. 准备工作

(1)跌落式开关

跌落式开关实物图如图 5.10 所示。

图 5.10 跌落式开关实物图

(2)工器具

绝缘棒、绝缘手套、绝缘靴。

(3)操作人员

按高压设备工作至少需要两人的规定,分、合跌落式开关必须一人监护,一人操作。

(4)操作注意事项

一般情况下,不允许带负荷操作跌落式开关,只允许其操作空载设备(线路)。

2. 操作过程

(1)工作人员填写工作票,办理操作票,经工作许可人许可后,方能进入工作现场。

(2)在工作区域设置围栏,避免其他非工作人员进入工作区间。

(3)操作人员检查绝缘手套、绝缘靴和绝缘棒等工器具。

(4)操作时由两人进行(一人监护,一人操作),但必须戴经试验合格的绝缘手套,穿绝缘靴、戴护目眼镜,使用电压等级相匹配的合格绝缘棒操作。

(5)在拉闸操作时,一般规定为先拉断中间相,再拉背风的边相,最后拉断迎风的边相。

(6)合闸时操作顺序与拉闸时相反,先合迎风边相,再合背风的边相,最后合上中间相。

(7)操作熔管是一项频繁的工作,拉、合熔管时要用力适度,合好后,要仔细检查鸭嘴舌头能紧紧扣住舌头长度 2/3 以上,可用拉闸杆钩住上鸭嘴向下压几下,再轻轻试拉,检查是否合好。

(8)操作完成后要进行工器具清理,绝缘杆上架,绝缘手套和绝缘靴要入柜。

任务2 登杆作业

学习要点

➤ 安全带、安全帽、脚扣或升降板的检查

➤ 脚扣或升降板冲击检查试验

➤ 使用安全带、安全帽、脚扣(或升降板)完成登杆作业

技能要求

➤ 使用安全带、安全帽、脚扣(或升降板)完成登杆作业

【基本内容】

安全帽、安全带、脚扣、升降板属于一般防护安全用具,本身没有绝缘性能,但能起到防护工作人员发生事故的作用。携带式接地线、防护眼镜、标示牌、临时遮拦也属于这类设备。

5.2 一般防护安全用具

5.2.1 安全带

安全带是由带子、绳子和金属配件组成,如图5.11所示。根据作业性质的不同,其结构形式也有所不同,主要有围杆作业安全带、悬挂作业安全带两种。

图5.11 安全带实物图

安全带使用注意事项:

①安全带使用前,必须作一次外观检查,如发现破损、变质及金属配件有断裂,应禁止使用,平时不用时,也应一个月作一次外观检查。

②安全带在使用前,应检查是否在有效试验期内。

③安全带应高挂低用或水平拴挂,高挂低用就是将安全带的绳挂在高处,人在下面工作;水平拴挂就是使用单腰带时,将安全带系在腰部,绳的挂钩挂在和带同一水平的位置,人和挂

钩保持差不多等于绳长的距离。切忌低挂高用,并应将活梁卡子系紧。

④安全带使用和存放时,应避免接触高温、明火和酸类物质,以及有锐角的坚硬物体和化学药物。

⑤安全带可放入低温水中,用肥皂轻轻擦洗,再用清水漂干净,然后晾干,不允许浸入热水中,以及在日光下暴晒或用火烤。

⑥安全带上的各种部件不得任意拆掉,更换新绳时要注意加绳套,带子使用期为3~5年,发现异常应提前报废。

安全带适用范围:围杆作业安全带适用于电工、线路检修和巡视、电信工杆上作业;悬挂安全带适用于建筑、安装等工作。

材料:安全带和绳必须用锦纶、维尼纶、蚕丝等材料制作;电工围杆带可用黄牛革制作;金属配件用普通碳素钢或铝合金钢制作。

质量标准:安全带的质量指标主要是破断强度,即要求安全带在一定静拉力试验时不破断为合格;在冲击试验时,以各配件不破断为合格。

安全带的试验周期为半年,试验标准见表5.6。

表5.6 安全带试验标准

名　　称		试验静拉力 /N	试验周期	外表检查 周期	试验时间 /min
安全带	大皮带	2 205	半年一次	每月一次	5

5.2.2 安全帽

安全帽是用来保护使用者头部或减缓外来物体冲击伤害的个人防护用品,如图5.12所示。

图5.12 安全帽实物图

安全帽的结构:

①帽壳:安全帽的外壳,包括帽舌、帽檐;

②帽衬:由帽箍、顶衬、后箍等组成;

③下颏带:为戴稳帽子而系在下颏上的带子;

④吸汗带:包裹在帽箍外面的吸汗材料;

⑤通气孔:使帽内空气流通而在帽壳两侧设置的小孔。

安全帽的质量一般不超过400 g。帽壳用玻璃钢、高密度低压聚乙烯(塑料)制作,颜色一般以浅色或醒目的蓝色、白色和浅黄色为多。

安全帽的技术性能:

①冲击吸收性能；

②耐穿透性能；

③电绝缘性能；

④此外，还有耐低温、耐燃烧、侧向刚性等性能要求。

使用期限视使用状况而定。若使用、保管良好，可使用5年以上。

5.2.3 脚扣

脚扣是电工攀登电杆的主要安全攀登工具，它的质量好坏直接危及工作人员的生命安全。

目前电杆一般用水泥杆，也有用木杆的，因此脚扣相应的有两种形式。脚扣实物图如图5.13所示。

脚扣的检查方法如下：

①脚扣是攀登电杆的主要用具，应经过较长时间的练习，熟练地掌握攀登电杆的方法，才能起到保护作用。若使用不当，也有可能发生人身伤亡事故。

②在使用前，应按电杆和规格选择适合的脚扣，不得用绳子或电线代替脚扣系脚皮带。

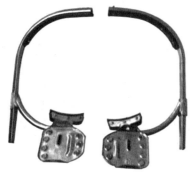

图5.13 脚扣实物图

图5.14 升降板外形

③在使用前，还必须检查其试验合格证是否在有效期内。

④在使用脚扣前应进行外观检查，查看各部分是否有裂纹、断裂等现象。

⑤登杆前，应对脚扣作人体冲击试登以检查其强度。其方法是，将脚扣系于电杆上离地面0.5 m左右处，借人体质量猛力向下蹬踩，此时查看脚扣应无变形及任何损伤，方可使用。

5.2.4 升降板

升降板是一种攀登电杆的安全工具。

（1）升降板的结构形式

升降板由踏脚板和吊绳组成。踏脚板一般采用坚韧的木板制成；踏脚板和吊绳采用3/4 in(1 in = 2.54 cm)白棕绳或1/2 in锦纶绳，呈三角形状，底端两头固定在踏脚板两端，顶端上固定有金属挂钩，绳长应适合使用者的身材，一般应为一人一手长，如图5.14所示。

（2）升降板的使用

登高杆时通常使用两副升降板，先将一副背在肩上，用另一副的绳绕电杆一周并挂在钩上，作业人员登上这副板，再把肩上的升降板挂在电杆上方，作业人员登上后，弯腰将下面升降板的挂钩脱下,这样反复操作,攀到预定高度。下杆时,操作顺序相反。

(3)升降板的检查

①使用前必须进行外观检查,看踏脚板是否有裂纹、断裂现象,绳索是否有断股,若有,则不能使用。

②在使用前还必须检查其试验合格证是否在有效期内。

③登杆前亦应对升降板作人体冲击试登,以检验其强度。检验方法是:将升降板系于电杆上离地面0.5 m处,人站在踏脚板上,双手抱杆,双脚腾空猛力向下蹬踩冲击,此时,绳索不应发生断股,踏脚板不应折裂,方可使用。

脚扣和升降板的试验周期:脚扣和升降板采用静负荷试验,周期均为1年。脚扣、升降板试验标准见表5.7。

表5.7 脚扣、升降板试验标准

名　称	试验周期/年	试验项目	施加的静压力/N	持续时间/min
脚扣	1	静负荷试验	1 176	5
升降板	1	静负荷试验	2 205	5

5.2.5 接地线

(1)接地线的作用

当对高压设备进行停电检修或进行其他工作时,接地线可防止设备突然来电和邻近高压带电设备产生感应电压对人体的危害,还可用以放尽断电设备的剩余电荷。接地线外形图如图5.15所示。

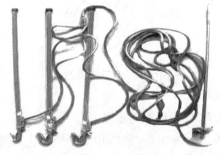

结构:专用夹头(线夹)和多股软铜线。

装拆顺序:装设接地线必须先接接地端,后接导体端,且必须接触良好;拆接地线的顺序与此相反。

(2)接地线缺陷检查要点

①接地线编号是否正确,适用电压等级是否合适;有没有标明短路容量和许可使用的设备系统。

图5.15 接地线外形图

②标签、合格证是否完好,并在有效试验有效期内,切勿把出厂合格证当有效试验合格证。

③绝缘杆有无划伤、脏污。

④接地线连接点各处螺栓、线头、线夹及各处螺栓是否紧固。

⑤铜线截面是否为25 mm²,有无断股、开裂现象。

⑥接地线护套有无破损。

⑦绝缘保护环是否完好。

⑧检查完毕是否对接地线进行规范整理。

⑨损坏的接地线应及时修理或更换,禁止使用不符合规定的导线做接地线或短路线之用。

(3)接地线的注意事项

①工作之前必须检查接地线。软铜线是否断头,螺丝连接处有无松动,线钩的弹力是否正常,不符合要求应及时调换或修好后再使用。

②挂接地线前必须先验电,未验电挂接地线是基层中较普遍的习惯性违章行为,在悬挂时接地线导体不能和身体接触。

③ 在工作地点两段两端悬挂接地线,以免用户倒送电、感应电的可能。

④在打接地桩时,要保证接地体能快速疏通事故大电流,保证接地质量。

⑤要爱护接地线。接地线在使用过程中不得扭花,不用时应将软铜线盘好,接地线在拆除后,不得从空中丢下或随地乱摔,要用绳索传递,注意接地线的清洁工作。

⑥新工作人员必须经过对接地线使用的培训、学习,考核合格后,方能单独从事接地线操作或使用工作。

⑦按不同电压等级选用对应规格的接地线。

⑧严禁使用其他金属线代替接地线。

⑨现场工作不得少挂接地线或者擅自变更挂接地线地点。

5.2.6　临时遮拦

临时遮拦是防护工作人员意外碰触或过分接近带电体而造成人身触电事故的一种安全防护用具;也可作为工作位置与带电设备之间安全距离不够时的安全隔离装置。

临时遮拦是用干燥的木材、橡胶或其他坚韧的绝缘材料制成的,不能使用金属材料制作。临时遮拦上必须有"止步,高压危险!"字样,以提醒工作人员的注意。临时遮拦实物图如图5.16 所示。

图 5.16　临时遮拦实物图

5.2.7 标示牌

标示牌用来警告工作人员,不能接近设备的带电部分,提醒工作人员在工人地点采取安全措施,以及表明禁止向某设备合闸送电,指出为工作人员准备的工作地点等。标示牌实物图如图 5.17 所示。

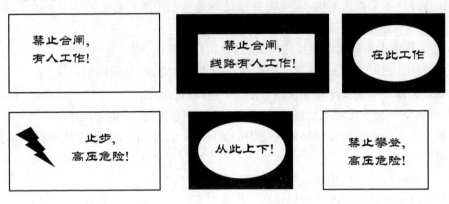

图 5.17 标示牌实物图

【自测题】

一、填空题

1. 低压验电器主要由一个_____、_____、_____、_____和_____组成。

2. 普通型安全帽主要由_____、_____、_____、_____和_____ 5 部分构成;安全带根据作业性质的不同,其结构形式主要有_____和_____两种。

3. 装设接地线必须先接_____端,后接_____端,且必须接触良好。

二、选择题

1. 绝缘手套和绝缘鞋使用后应擦净、晾干,并在绝缘手套上撒一些(   )。
   A. 水   B. 石灰   C. 润滑油   D. 滑石粉

2. 低压验电器一般适用于交、直流电压为(   )以下。
   A. 220 V   B. 380 V   C. 500 V

3. 下列哪些属于一般辅助安全用具(   ),其中(   )可以用来安装和拆卸高压熔断器。
   A. 电压指示器   B. 低压验电器   C. 绝缘手套   D. 绝缘夹钳

4. 接地线拆除后,应即认为线路(   )。
   A. 有电   B. 随时来电   C. 运行   D. 带电

5. 登杆前,应对脚扣作人体冲击试登以检查其强度。其方法是,将脚扣系于电杆上离地(   )m 左右处,借人体质量猛力向下蹬踩,此时查看脚扣应无变形及任何损伤,方可使用。
   A. 0.5   B. 0.4   C. 0.6   D. 0.8

三、判断题

1.绝缘手套的试验周期是 1 年。   （   ）

2.登杆前必须对登杆的脚扣（升降板）、安全带、安全绳、安全帽进行外观、试验合格证的检查。   （   ）

3.安全带可放入热水中，用肥皂轻轻擦洗，再用清水漂干净，然后晾干。   （   ）

4.低压验电器并无高压验电器的绝缘部分，故绝不允许在高压电气设备或线路上进行试验，以免发生触电事故。   （   ）

四、问答题

1.携带式接地线由几部分组成？说明其使用方法。

2.试述绝缘手套的用途和使用、保管注意事项。

3.试述升降板的使用、保管注意事项。

【小组操作】

登杆作业

1.准备工作

（1）登杆工器具

安全带、脚扣（或升降板）、安全绳（放坠器）、安全帽。

（2）登杆人员要求

①登杆作业共 2 人组成，专责监护 1 人，杆上电工 1 人。

②操作人员身体、精神状态良好，身着工作服，穿工作鞋，戴安全帽、手套。

（3）登杆准备工作

①工器具的检查。登杆前必须对登杆的脚扣（升降板）、安全带、安全绳、安全帽进行外观、试验合格证的检查。

②登杆前，应先检查电杆根部、基础和拉线是否牢固。

③对脚扣（升降板）和安全带进行冲击试验

2.脚扣登杆作业

（1）向上攀登

（2）杆上作业

①操作者在电杆左侧工作，此时操作者左脚在下，右脚在上，即身体重心放在左脚，右脚辅助。估测好人体与作业点的距离，找好角度，系牢安全带即可开始作业（必须扎好安全腰带，并且要把安全带可靠地绑扎在电线杆上，以保证在高空作业时的安全）。

②操作者在电杆右侧作业，原理同在电杆左侧工作。

③操作者在电杆正面作业，此时操作者可根据自身方便采用上述两种方式的一种方式进行作业，也可根据负荷轻重、材料大小采取一点定位，即两脚同在一条水平线上，用一只脚扣的扣身压扣在另一只脚的扣身上。这样做是为了保证杆上作业时的人体平稳。脚扣扣稳之

后,照样选好距离和角度,系牢安全带后进行作业。

（3）下杆

3.升降板登杆作业

（1）向上攀登

（2）杆上作业

①站立方法:两只脚内侧夹紧电杆,这样登高板不会左右摆动摇晃。

②安全带束腰位置:正确位置是束在腰部下方臀部位置。

（3）下杆

登杆作业基本操作过程概述（根据实际工作与考核现场综合分析,对登杆过程作以下概述）:

①工作人员接到工作负责人的登杆命令后,工作人员到工具库存处选择所需工具（选择该工具是否有合格证且在有效期内,再作外观等检查）。根据自己的身高与电杆的直径选择登高板。

②将选好的工具搬移到指定的杆塔。

③对该杆塔进行检查（检查杆塔基础、检查杆身、检查拉线等）。

④对登杆工具进行冲击试验。

⑤检查一切正常后向监护人报告开始登杆。

⑥上杆与下杆步骤参照登杆工具使用步骤。

⑦达到工作位置系好安全带。

⑧站稳后开始工作。

⑨工作结束后下杆。

⑩下杆后整理好工具,搬移到库存点摆放好。

⑪向工作负责人汇报工作结束。

任务3 交流耐压试验

学习要点

➢ 安全用具的保管制度

➢ 耐压试验步骤、试验结果分析、试验数据分析

技能要求

➢ 能熟练进行安全工器具绝缘杆、高压验电器的耐压试验。

【基本内容】

5.3　交流耐压试验

5.3.1　安全用具的检查和保管制度

电工安全用具在使用前的外观检查:

①检查安全用具是否符合规程要求。

②检查安全用具的表面是否完好,若有破损和脏污,不得使用。

③检查安全用具的电压等级与操作设备的电压等级是否相符。

安全用具在使用完毕后,最好储存于专用的干燥通风的储藏室内。

电工安全用具应定期进行检查和试验,主要是进行耐压试验和泄漏电流试验。对于基本安全用具只需作耐压试验,而辅助安全用具则需要作耐压试验和泄漏电流试验。试验合格的安全用具应有明显的标志,在标志上注明试验有效日期。试验不合格的则不允许使用。

为了对安全工器具的绝缘状态作出判断,需要对安全工器具绝缘进行试验,称为绝缘预防性试验。绝缘预防性试验可分为非破坏性试验和破坏性试验。

5.3.2　非破坏性试验

特点:试验电压较低,一般不会损坏绝缘。

作用:能测试到绝缘的情况,如变压器受潮情况、绝缘子有无破裂等。

非破坏性试验内容见表5.8。

表5.8　试验内容

序号	试验名称	能发现的缺陷	不能发现的缺陷
1	绝缘电阻和吸收比试验	贯通的集中性缺陷整体受潮或有贯通的受潮部分	未贯通的集中性缺陷绝缘整体老化
2	泄漏电流的测量	贯通的集中性缺陷整体受潮或有贯通的受潮部分以及一些未完全贯通的集中性缺陷	未贯通的集中性缺陷绝缘整体的老化
3	测介质损耗因数 ($\tan\delta$)	整体受潮、老化、被试绝缘体体积小时的贯通及未贯通缺陷	被试绝缘体体积大时的集中性缺陷
4	测量绝缘内部的局部放电	局部或多处的局部放电缺陷	虽有缺陷但不产生局部放电、受潮
5	绝缘油的试验	气相色谱分析可测出持续性的局部过热、局部放电缺陷	导致突然发生匝间短路的缺陷

5.3.3　交流耐压试验

交流耐压试验为破坏性试验,需在非破坏性试验完成并处理无误后方可进行。试验电压较高,在试验过程中可能引起设备绝缘的损坏。

作用:保证绝缘具有一定的绝缘水平或裕度。

工频高压试验的基本接线图和主要元件分别如图 5.18 和图 5.19 所示。

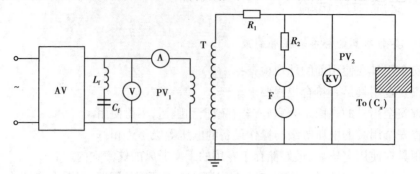

图 5.18　工频高压试验的基本接线图

AV—调压器;PV₁—低压侧电压表;T—工频高压装置;

R_1—变压器保护电阻;T_0—被试品;R_2—测量球隙保护电阻;

PV₂—高压静电电压表;F—测量球隙;L_f-C_f—谐波滤波器

图 5.19　试验接线中主要元件

1)试验变压器

试验变压器大多为油浸式单相升压变压器,具有以下特点:

①试验变压器的电压很高,变比较大;

②由于试验变压器电压高,所以要采用较厚的绝缘及较宽的间隙距离,故试验变压器的漏磁通较大,漏抗较大,短路电流较小;

③试验变压器所需试验功率不大,所以变压器容量不是很大;

④在额定电压或额定功率下只能做短时运行;

⑤要严格防止和限制过电压的出现;

⑥试验变压器所输出的电压应尽可能是正、负半波对称的正弦波形;

⑦当需要的试验电压很高时,将数台试验变压器高压绕组串级连接,得到很高的输出电压,而每台变压器的绝缘要求和结构可大大简化,减轻绝缘难度,降低总价格。为提高容量利用率,串级试验变压器的台数一般不超过 3 台。

2)调压器

常用的调压供电装置有:自耦变压器、感应调压器、移圈调压器、电动-发电机组。自耦调压器是通过改变碳刷在绕组上的位置来调节试验变压器的初级电压。

(1)试验电压

试验电压的选择依据规程中所规定的各种电压等级设备的出厂试验电压,一般考虑运行中绝缘的变化,耐压试验的电压值应取得比出厂试验电压低些,而且不同情况的设备应不同对待,这主要由运行经验确定。图 5.20 为试验变压器在耐压试验时简化的等值电路。

按规定的升压速度提升作用在被试品 T_0 上的电压,直到等于所需的试验电压 U_t 为止,耐压 1 min,若在这期间没有发现绝缘的击穿或局部损伤,即可认为该试品工频耐压试验合格通过。

（2）试品上的电压升高——电容效应

进行交流耐压试验时,被试品一般均属电容性的,试验变压器在电容性负载下,由于电容电流在线圈上会产生漏抗压降,使变压器高压侧电压发生升高现象,即电容效应。图 5.21 为电容效应引起的电压升高。

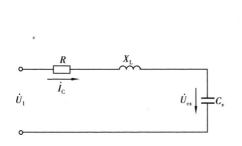

图 5.20　试验变压器在耐压试验时
　　　　　简化等值电路

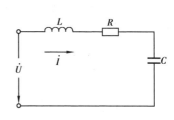

图 5.21　电容效应引起的电压升高

（3）利用串联谐振进行耐压试验

在现场耐压试验中,当被试品的试验电压较高或电容值较大,试验变压器的额定电压或容量不能满足要求时,可采用串联谐振进行耐压试验。试验的原理接线图和等值电路如图 5.22所示。

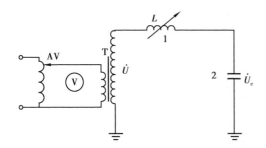

图 5.22　串联谐振耐压试验接线图

当调节电感使回路发生谐振时

$$U_C = IX_C = \frac{U}{R} \cdot \frac{1}{\omega C} = \frac{1}{\omega CR}U = QU$$

式中　Q——谐振回路的品质因素,Q 还可以表达为 $Q = \dfrac{\omega L}{R}$。

谐振时 ωL 远大于 R,即 Q 值较大,故用较低的电压 U 可在试品两端获得较高的试验电压 U_C。

利用串联谐振电路进行工频耐压试验,不仅试验变压器的容量和额定电压可以降低,而且被试品击穿时由于 L 的限流作用使回路中的电流很小,可避免被试品被烧坏。此外,由于回路处于工频谐振状态,电源中的谐波成分在被试品两端大为减小,故被试品两端的电压波形较好。

3）工频高电压的测量

高压静电电压表可直接用于测量交流和直流高电压,其指示值为被测电压的有效值。它最大的特点是输入阻抗高,接入测量时一般不会引起被测电压发生变化。

电容分压器配低压仪表:电容分压器由高压臂电容 C_1 和低压臂电容 C_2,串联组成,被测高压 U_1 经电容分压器转换为低压 U_2 后,由同轴电缆送入高阻抗的低压仪表进行测量,测出 U_2 后再根据分压比即可求得被测电压 U_1。图 5.23 为 Q 电容分压器测量电路。

$$K = \frac{U_1}{U_2} = \frac{C_1 + C_2 + C_3}{C_1}$$

其中,C_3 为同轴电缆的电容,它与低压臂电容 C_2 并联。

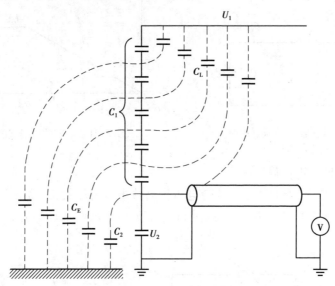

图 5.23　Q 电容分压器测量电路

球间隙在电场比较均匀时,其伏秒特性在击穿时间范围内几乎为一条直线,且分散性较小,不同间隙距离下具有确定的击穿电压,所以它可以用来测量各种类型的高电压。

国际电工委员会对测量用球间隙的结构、布置、连接和使用都有明确的规定,并制定了标准球隙的间隙距离和各种性质电压作用下的击穿电压间的关系表,使用时可查阅。

使用球间隙测量电压时,在进行测量前应对球隙进行几次预放电,以消除空气中的尘埃及球面附着的细小杂物的影响,使放电电压稳定。正式测量时应取球隙三次放电电压的平均值作为测量值。

用高压电容器和整流装置串联测量:当被测电压为正弦波时,可导出被测电压的峰值 U_m 与电流表读数 I_r 的关系为

$$U_m = \frac{I_r}{4Cf}$$

式中　C——高压电容器电容;

　　　f——被测电压的频率。

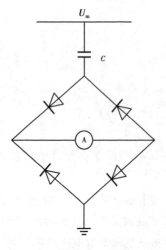

图 5.24　高压电容器和整流装置串联测压电路

高压电容器和整流装置串联测压电路,如图 5.24 所示。

电压互感器:将电压互感器的一次侧并接于被试品两端,

在其二次侧测量电压,将测量结果按变比换算至高压侧得到被测电压。为保证测量的精度,互感器一般不应低于1级,电压表不应低于0.5级。

【自测题】

一、填空题

1.按照高压套管的数量,可将试验变压器分为两类:一种是_____,另一种是_____。

2.常用的调压供电装置有:①_____;②感应调压器;③移卷调压器;④电动-发电机组。

二、选择题

1.多股软铜线的截面应符合短路电流的要求,即在短路电流通过时,铜线不会因产生高热而熔断,且应保持足够的机械强度,故该铜线截面不得小于( )mm^2。

A.20　　　　　B.15　　　　　C.25　　　　　D.30

2.高压静电电压表可直接用于测量交流和直流高电压,其指示值为被测电压的( )。

A.最大值　　　B.有效值　　　C.平均值　　　D.标幺值

三、判断题

串级装置的级数越多,试验变压器的台数越多,容量利用率也越低。因而串级试验变压器的台数一般不超过3台。　　　　　　　　　　　　　　　　　　( )

【小组操作】

交流耐压试验

1.元器件与工具准备

序　号	名　称	数　量	备　注
1	高压试验变压器	1	
2	操作箱	1	
3	水阻	1	
4	调压器	1	
5	静电电压表	1	
6	交流毫安表	1	
7	接地棒	1	
8	绝缘杆	1	
9	锡箔纸	1	
10	高压验电器	1	

2. 试验步骤

(1)交流耐压试验应在其他各项试验(非破坏性试验)均合格后,才能进行。耐压试验前以摇表检查绝缘状况。

(2)试品为绝缘杆,高压端接绝缘杆工作部分,高压部分对地安全距离足够,绝缘杆的绝缘部分远端用锡箔纸包好(不少于 5 cm)并接于低压端。调压器回零,并检查无误,开始试验。

若试品为高压验电器,须将验电器完全展开,绝缘杆握手部分(握柄)用锡箔纸包好(不少于 5 cm)接高压端,高压部分对地安全距离足够,绝缘杆的工作触头接于低压端。调压器回零,并检查无误,开始试验。

(3)合上电源,均匀升压,升压时间一般不超过 20 s。

(4)当电压升至试验电压时,开始计时并读取电容电流值,耐压 1 min 后,迅速均匀地降压至零,切断电源。

(5)将被试设备放电。

(6)耐压试验后以摇表检查绝缘状况。

将试验数据记录于下表中。

试验数据

被试设备名称、型号				
试验电压/kV				
耐压时间/s				
电容电流/mA				

试验结果分析判断被试安全工器具绝缘性能。

项目 6
电气防火与防爆

任务1 电气防火防爆措施

 学习要点

➤ 燃烧和爆炸的基本知识
➤ 造成电气火灾和爆炸的原因

 技能要求

➤ 能正确预防电气火灾和爆炸

【基本内容】

6.1 火灾爆炸危险环境的划分

电气火灾和爆炸:由于电气方面的原因形成的火源所引起的火灾和爆炸。

6.1.1 火灾

火灾发生的必要条件:具有可燃物质、助燃物质(氧化剂),同时存在火源(具有一定温度和热量的能源)。

6.1.2 爆炸

爆炸的必要条件:具有可燃易爆物质或爆炸性混合物,同时存在火源。

爆炸混合物:当可燃气体、悬浮状态的粉尘和纤维这类物质与空气混合,其浓度达到一定比例范围时,便形成了气体、蒸汽、粉尘或纤维的爆炸混合物。

爆炸按特点可分为:火炸药爆炸性物质;与空气混合形成爆炸的可燃性物质。

爆炸浓度极限：

①可燃气体、蒸汽的爆炸极限是以其占混合物中体积的百分比(％)表示。

②可燃粉尘、纤维的爆炸极限是以其占混合物中单位体积的质量(g/m)表示。

危险物品：指能与氧气发生强烈氧化反应，瞬间燃烧产生大量热和气体，并以很大压力向四周扩散而形成爆炸的物质。

最小引爆电流：引起爆炸性混合物发生爆炸的最小电火花所具有的电流。

危险物品：指能与氧气发生强烈氧化反应，瞬间燃烧产生大量热和气体，并以很大压力向四周扩散而形成爆炸的物质。

闪燃：是指可燃液体挥发的蒸汽与空气混合达到一定浓度遇明火发生一闪即逝的燃烧；或者将可燃固体加热到一定温度后，遇明火会发生一闪即灭的闪燃现象。

闪点：可燃物发生闪燃时的最低温度。

电气火灾与爆炸的原因：存在易爆环境；电气设备会产生火花和高温。

有些电气设备在正常工作情况下就能产生火花、电弧和高温，如弧焊机。

有些电气设备和线路在事故情况下产生火花和电弧。比如，电气设备和线路由于绝缘老化、积污、受潮、化学腐蚀或机械损伤，会造成绝缘强度降低破坏并导致相间对地短路。

1)存在易燃易爆环境

在发电厂及变电所，广泛存在易燃易爆物质，许多地方潜伏着火灾和爆炸的可能性。例如，电缆本身是由易燃绝缘材料制成的，故电缆沟、电夹层和电缆隧道容易发生电缆火灾；油库、用油设备(如变压器、油断路器)及其他存油场所也易引起火灾和爆炸。

2)引燃条件

(1)电气设备过热造成危险温度

电气设备运行时是要发热的，但是，设备在安装和正常运行状态中，发热量和设备散热量处于平衡状态，设备温度不会超过额定条件规定的允许值，这是设备的正常发热。当电气设备正常运行遭到破坏时，设备可能过度发热，出现危险温度，会使易燃易爆物质温度升高，当易燃易爆物质达到其自燃温度时，便着火燃烧，引起电气火灾和爆炸。

造成危险温度的原因有：过载、短路、接触不良、铁芯发热、散热不良、电热器件使用不当。

(2)电火花和电弧

一般电火花和电弧的温度都很高，电弧温度可高达6 000 ℃，不仅能引起可燃物质燃烧，还可直接引燃易燃易爆物质或电弧使金属融化、飞溅，间接引燃易燃易爆物质引起火灾。因此，在有火灾和爆炸危险的场所，电火花和电弧是很危险的着火源。电火花和电弧包括工作电火花和电弧、事故电火花和电弧两大类。

(3)漏电及接地故障、静电引起火灾

漏电及接地故障引起火灾：当单相接地故障以弧光短路的形式出现或线路绝缘损坏，将导致供电线路漏电。

静电引起火灾及爆炸：静电电量虽然不大，但因其电压很高而容易发生火花放电，如果所在场地有易燃物品，又有由易燃物品形成爆炸性混合物，便可能由于静电火花而引起爆炸或火灾。

（4）雷电

雷电是在大气中产生的,雷云是大气电荷的载体,当雷云与地面建筑物或构筑物接近到一定距离时,雷云高电位就会把空气击穿放电,产生闪电、雷鸣现象。雷云电位可达1万~10万 kV,雷电流可达50 kA,若以0.000 01 s的时间放电,其放电能量约为10 J,这个能量约为使人致死或易燃易爆物质点火能量的100万倍,足以致人死亡或引起火灾。

雷电的危害类型除直击雷外,还有感应雷(含静电和电磁感应)、雷电反击、雷电波的侵入和球雷等。

3）造成电气火灾与爆炸的主要原因

直接原因:运行中电流产生过多的热量及电火花或电弧。

主要原因:

①电气设备选型和安装不当。如在爆炸危险的场所选择非防爆电机等。

②违反安全操作规程。如在有火灾与爆炸危险的场所使用明火。

③电气设备使用不当。如电热器靠近易燃、可燃物等。

设备故障或过负荷引发火灾的原因:

（1）电气设备短路

电气设备短路,比如电源线直接触碰在一起。此时导线的发热量剧增,不仅能使绝缘燃烧,且还会使金属熔化或引起邻近的易燃、可燃物质引发火灾。

导线都有一定的安全载流量,一旦实际电流超过了安全载流量,导线的温度就会超过最高允许温度,绝缘将会加速老化,若是严重过负荷或长期过负荷,绝缘就会变质损坏而引起短路着火。

（2）电气设备过负荷

导线都有一定的安全载流量,一旦实际电流超过了安全载流量,导线的温度就会超过最高允许温度,绝缘将会加速老化,若是严重过负荷或长期过负荷,绝缘就会变质损坏而引起短路着火。

（3）电气设备绝缘损伤或老化

使绝缘性能降低,从而造成短路引发火灾。

（4）电气连接点接触电阻过大

接触电阻增大,使得这些接触点局部范围过热,金属变色甚至熔化,引起绝缘材料、可燃物质的燃烧。

（5）电弧与电火花

使绝缘性能降低,从而造成短路引发火灾。

4）电气防火与防爆的一般措施

①排除可燃易爆物质。

a.保持良好的通风和加速空气流通与交换,能有效地排除现场可燃易爆的气体、蒸汽、粉尘和纤维,或把它们的浓度降低到不致引起火灾和爆炸的限度之内。

b.加强密封,减少可燃易爆物质的来源。

②排除各种电气火源。

③改善环境条件。

④保证电气设备的防火间距及通风。

⑤正确选用和安装电气设备。

⑥防止电气设备过负荷。

⑦防止电气设备绝缘老化。

⑧防止接触电阻过大。

6.1.3 常用电气设备防火防爆措施

1）电力变压器的防火防爆措施

电力变压器起火的原因多数是内部发生严重故障,且没有得到及时处理而造成的。这些故障主要有：

①铁芯的穿芯螺栓绝缘损坏；

②高压或低压绕组层间短路；

③引出线混线或碰壳。

防火防爆主要措施:定期巡视,做好值班记录。

①注意变压器油温和监听其内部音响。变压器上层油温一般应控制在 85 ℃以下。

②完善变压器的继电保护系统,确保故障时能正确可靠的动作。

③经常监视变压器的负荷情况。

④定期对变压器进行小修和大修及电气性能试验与油样试验。变压器一般每半年小修一次,5 年大修一次。

⑤健全变配电所的防雷保护措施。

⑥变配电所内应设置足够的消防设备。

2）油断路器的防火与防爆措施

油断路器是一种储油的电气设备,因此较易着火,并且一旦着火还很容易蔓延或引起爆炸。防火防爆措施如下：

①正确选用遮断容量与电力系统短路容量相适应的油开关。

②设计安装要符合规程规定,且应安装在耐火建筑物内,同时要有良好的通风条件。

③定期巡视检查油开关,尤其在最大负荷和每次自动跳闸后,以及下雨,降雪时应增加巡视次数。

④监视油位指示器的油面,使之保持在两条限度线之间,不能过高或过低,检查有无渗漏油现象。

⑤定期进行大修和小修。一般小修每年 1~2 次,大修 3 年一次,但在短路跳闸 3 次后就要进行一次全面检查。

⑥定期进行预防性试验。每年要做一次耐压试验和简化试验,每次短路跳闸后应取油样化验。

⑦油开关事故跳闸后不能立即拆开检修,应待油面上弥漫着的气体冷却或大部分排出以后,方可进行检修。

3）补偿电容器的防火防爆措施

补偿电容器起火与爆炸的原因大多是由于电容器极间或对外壳绝缘被击穿而造成的。由于电容器大都集中安装在一起,一只电容器爆炸很可能引起其余电容器群爆,燃烧的漏油还会危及其他电气设备的安全。防火防爆措施如下：

①采用内部有熔丝保护的高、低压电容器；

②采用优质节能型新产品；

③加强对电容器的运行监视，定期巡视检查；

④电容器应定期清扫并保持通风良好，附近应设有砂箱、干粉灭火剂等灭火工具；

⑤电容器室应严格使用耐火材料建筑，额定电压为1 kV以上时，不低于二级，额定电压为1 kV及以下时，不低于三级；

⑥对于补偿电容器要严格执行规定；

⑦应在额定电流下运行，必要时允许不超过1.3倍的额定电流；

⑧在不超过1.05倍额定电压下运行，在1.1倍额定电压下只允许连续运行4 h；

⑨电容器室环境温度应在-40 ℃（或-25 ℃）~+40 ℃范围内，外壳温度不得超过55 ℃，外壳上最热点温度通常不超过60 ℃（或80 ℃），且不得超过铭牌规定值；

⑩禁止电容器组在带电负荷下再次合闸充电。刚退出运行后，至少应放电3 min方可再次合闸送电。

4）电缆引起火灾的原因和防范措施

电缆敷设位差较大时易发生淌油现象，致使电缆上部油流失或干枯，热阻增加、绝缘焦化而击穿损坏，其下部则因油积聚产生很大静压力，易使电缆头漏油。尽可能做到水平敷设，努力减小电缆高低位差。

电缆头表面受潮或积污，电缆头瓷套管破裂及引出线相间距离过小时，会导致闪络起火，并引起电缆头表层混合物和引出线绝缘燃烧。应对电力电缆进行定期清扫机预防性试验。

电缆盒的中间接头压接不紧，焊接不牢或选材不当时，运行中的接头发生氧化、过热、流胶。诸如接头盒的绝缘剂量不符合要求或内存有气孔，以及电缆盒密封不良，受损或漏入潮气等情况，都会击穿绝缘造成短路、起火或爆炸。电缆头与中间接头的制作要符合规范。

5）防止低压配电屏引起火灾的防范措施

①采用耐火材料制成。木结构配电屏的盘面应铺设铁皮或涂防火漆等，户外配电屏应有防雨雪措施。

②配电屏上的设备应根据电压、负荷、用电场所和防火要求等选定。其电气设备应安装牢固，总开关和分路开关容量应满足总负荷和各分路负荷的需要。

③配电屏中的配线应采用绝缘线，破损导线要及时更换。敷线应连接可靠，排列整齐，尽量做到横平竖直，绑扎成束，且用线卡固定在板面上。

④要建立相应维修制度，定期测量配电屏线路的绝缘电阻。

⑤配电屏金属支架及电气设备的金属外壳，必须实行可靠的接地或接零保护。

6）防止低压开关引起火灾的防范措施

①开关的额定电压与实际电源电压等级相符，其额定电流要与负荷需要相适应，断流容量要满足系统短路容量的要求。

②选用开关应与环境的防火要求相适应。

③闸刀开关安装在耐热、不易燃烧的材料上。

④导线与开关接头处的连接要牢固,接触良好。

⑤中性线接地的低压配电系统中,单极开关一定要接在火线上,否则开关虽断,电气设备仍然带电,一旦火线接地,便有发生接地短路而引起火灾的危险。

⑥自动开关运行中要常检查、勤清扫,防止开关触头发热、外壳积尘而引起闪络和爆炸。防爆开关在使用前必须将黄油擦除,然后再涂上机油。

7)防止熔断器引起电气火灾的措施

①正确选型,在有爆炸危险场所,应选用专门形式的熔断器或普通熔断器加密封外壳封闭,熔断器应尽可能安装在危险场所的外面。

②熔体选用恰当。

③安装位置应正确。一般应在电源进线,线路分支线和用电设备上安装熔断器。熔断器各接线端头与导线的连接应牢固可靠。

④大电流熔断器应安装在耐热的基座上,其密封保护壳应用瓷质或铁制材料。

⑤熔断器周围不许堆放易燃或可燃物质,也不可堆放金属丝。

6.1.4　静电的产生

1)静电防护

静电电量虽然不大,但因其电压很高而容易发生火花放电,如所在场所有易燃品,又因易燃物品形成爆炸性混合物(爆炸性气体、蒸汽及爆炸性粉尘),就可能由于静电火花而引起爆炸或火灾。

放电火花的能量超过爆炸性混合物的最小引燃能量时,即会引起爆炸或火灾。静电爆炸和火灾大多数是由于火花放电引起的。

静电的危害:静电事故主要发生在干燥的冬季,无论是带静电的人体接近接地体或者人体靠近带静电物体时,都有可能发生火花放电,从而导致爆炸或火灾。人们活动时,由于衣着或衣服与皮肤间的摩擦以及由于静电感应等原因,均可能产生静电。当人体与其他物体之间发生放电时,人便遭受电击。静电电击的严重程度与人体的电容大小、电压高低、对地电容、人体位置、姿势及鞋子和地面的接触情况有关。

2)静电消散

静电消散的方式有中和、泄漏两种。

(1)中和

物体上的静电通过空气迅速中和发生在气体放电时;放电是中和静电的主要方式之一;放电有3种形式,即电晕放电、刷形放电和火花放电。

(2)放电

放电有通过绝缘体表面放电和通过绝缘体内部放电两种方式。

防止静电危害有以下两个途径:

①创造条件,加速工艺过程中静电的泄漏和中和,限制静电的积累。包括静电控制法、自然泄漏法、静电中和法、防静电接地法。

②控制工艺过程,限制静电的产生。主要是在材料选择、工艺设计、设备结构等方面采取措施。

任务2　电气设备灭火

学习要点

➤ 灭火的基本方法
➤ 常用灭火器材的性能

技能要求

➤ 能迅速、准确地报警
➤ 会使用灭火器灭火

【基本内容】

电气火灾对国家和人民生命财产有很大威胁,因此,应贯彻预防为主的方针,防患于未然,同时,还要做好扑救电气火灾的充分准备。用电单位发生电气火灾时,应立即组织人员使用正确方法进行扑救,同时向消防部门报警。

电气火灾的特点:有些电气设备本身充有大量的油,如变压器、油开关、电容器等,受热后有可能喷油,甚至爆炸,造成火灾蔓延并危及救火人员的安全。因此,扑灭电气火灾,应根据起火的场所和电气装置的具体情况,作一些特殊规定。

6.2　扑灭电气火灾的安全措施

6.2.1　电气火灾的扑救常识

电气火灾的扑救常识如下:

①着火后电气装置可能仍然带电,且因电气绝缘损坏或带电导线断落等发生接地短路事故,在一定范围内存在着危险的接触电压和跨步电压,灭火时如不注意或未采取适当的安全措施,会引起触电伤亡事故。

②停电时,应按规程所规定的程序进行操作,防止带负荷拉刀闸。

③切断带电线路电源时,切断点应选择在电源侧的支持物附近,以防导线断落后触及人体或短路。

④夜间发生电气火灾,切断电源时,应考虑临时照明措施。

发生电气火灾,如果由于情况危急,为争取灭火时机,或因其他原因不允许和无法及时切断电源时,就要带电灭火。为防止人身触电,应注意以下3点:

①扑救人员与带电部分应保持足够的安全距离。

②高压电气设备或线路发生接地,在室内,扑救人员不得进入故障点4 m以内的范围;在室外,扑救人员不得进入故障点8 m以内的范围;进入上述范围的扑救人员必须穿绝缘靴。

③应使用不导电的灭火剂,例如,二氧化碳和化学干粉灭火剂,因泡沫灭火剂导电,在带电灭火时严禁使用。

6.2.2 灭火的基本方法

1)冷却灭火法

控制可燃物质的温度,使其降低到燃点以下,以达到灭火的目的。用水进行冷却灭火就是扑救火灾的常用方法,也是最简单的方法。

2)窒息灭火法

通过隔绝空气的方法,使燃烧区内的可燃物质,得不到足够的氧气,而使燃烧停止,这也是常用的一种灭火方法,对于扑救初起火灾作用很大,此种灭火法可用于房间、容器等较封闭性的火灾。

3)隔离灭火法

将燃烧物与附近可燃物隔离或者疏散开,从而使燃烧物停止。采取隔离法灭火的具体措施有很多种,如将火源附近的易燃易爆物质转移到安全地点;关闭设备或管道上的阀门,阻止可燃气体、液体流入燃烧区;排除生产装置、容器内的可燃气体、液体;阻拦疏散易燃可燃或扩散的可燃气体;拆除与货源相毗邻的易燃建筑结构,造成组织火势蔓延的空间地带等。

6.2.3 常用的灭火器材

灭火剂:常用灭火剂的选用是依据灭火的有效性、对设备的影响和对人体的影响3条基本原则。目前,常用的灭火剂有水、干粉、二氧化碳、泡沫及卤族元素等。由于环保要求,我国已明确提出,在2010年后禁止使用1211、1301灭火装置。替代品可选用七氟丙烷或三氟甲烷;若是新装设备,还可选用二氧化碳或烟烙尽灭火系统。

灭火器:灭火器是由筒体、喷头、喷嘴等部件组成的,借助驱动压力喷出所充装的灭火剂,达到灭火的目的。它是扑救初起火灾的重要消费器材。

火警发生时的报警方法:当发生火灾,现场只有一个人时,应一边呼救,一边进行处理,必须赶快报警,边跑边喊,以便取得群众的帮助。

1)二氧化碳灭火器的使用方法

二氧化碳灭火器的使用方法,如图6.1所示。

①用右手握着压把;

②右手提着灭火器到现场;

③除掉铅封;

④拔掉保险销;

⑤站在距火源2 m处,左手拿着喇叭筒,右手用力压下压把;

⑥对着火焰根部喷射,并不断推前,直至把火焰扑灭。

2)干粉灭火器的使用方法

干粉灭火器的使用方法,如图6.2所示。

①右手握着压把,左手托着灭火器底部,轻轻地取下灭火器;

②右手提着灭火器到现场;

③除掉铅封;

图 6.1 二氧化碳灭火器的使用方法

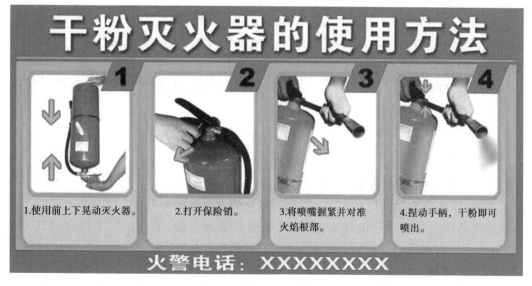

图 6.2 干粉灭火器的使用方法

④拔掉保险销;

⑤左手握着喷管,右手提着压把;

⑥在距火焰 2 m 处,右手用力压下压把,左手拿着喷管左右摆动,喷射干粉覆盖整个燃烧区。

3)泡沫灭火器的使用方法

①右手握着压把,左手托着灭火器底部,轻轻地取下灭火器;

②右手提着灭火器到现场;

③右手捂住喷嘴,左手执筒底边缘;

④把灭火器颠倒过来呈垂直状态,用力上下晃动几下,然后放开喷嘴;

⑤右手抓筒耳,左手抓筒底边缘,把喷嘴朝向燃烧区,站在离火源 8 m 的地方喷射,并不断前进,兜围着火焰喷射,直至火焰扑灭;

⑥灭火后,把灭火器卧放在地上,喷嘴朝下。

【自测题】

一、名词解释

1. 燃烧

2. 爆炸

3. 火灾

4. 电气火灾和爆炸

5. 爆炸极限

6. 最小引爆电流

二、填空题

1. 防止火灾的基本原则是_____。

2. 物质燃烧过程的发生和发展,必须具备 3 个必要条件,即_____、可燃物和氧化剂。

3. 可燃物质温度升高到一定程度,无须外来火源即发生燃烧的现象称为_____。

4. 灭火的基本方法是_____、_____、_____、_____。

5. 灭火器是由_____、_____、_____等部件组成的,借助_____可将所充装的_____,达到灭火的目的。

6. 目前常用的灭火剂有_____、_____、_____、_____、_____等。

三、选择题

1. 电器着火时,下列不能使用的灭火方法是(   )。

   A. 用 1211 灭火器进行灭火   B. 用二氧化碳灭火器灭火   C. 用水灭火

2. 如果低压电流通过触电者入地,并且触电者紧握电线,可设法用木板塞到其身下,(   ),也可用干木把斧子或者绝缘柄的钳子等将电线剪断。

   A. 便于急救   B. 与地隔离   C. 便于救治

3. 遇到电气设备着火时,应立即将有关设备的(   )切断,然后进行灭火。

   A. 电源   B. 电线   C. 地线

4. 对带电设备应使用干式灭火器、二氧化碳灭火器等灭火,不得使用(   )灭火。

   A. 泡沫灭火器   B. 干燥的沙子等   C. 水

四、判断题

1. 触电急救必须分秒必争,在医务人员未接替救治前,不应放弃现场抢救,更不能只根据没有呼吸或脉搏擅自判定伤员死亡,放弃抢救。只有医生有权作出伤员死亡的诊断。(   )

2.不论是发生在任何级电压架空线路上的触点,救护人员在使触电者脱离电源时要注意防止发生高处坠落的可能和再次触及其他有电线路的可能。　　　　　　　　　（　　）

3.触电伤员如意识丧失,应在 10 s 内用看、听、试的方法判定时间均不得超过 5～7 s。在医务人员未接替抢救前,现场抢救人员不得放弃现场抢救。　　　　　　　　　（　　）

4.触电伤员脱离电源后,触电伤员如神志不清,应就地仰面躺平,且确保气道通畅,并用 5 s 时间摇动伤员头部并大声喊叫伤员,以判定伤员是否丧失意识。　　　　　　　（　　）

5.在抢救触电伤员过程中,要每隔数分钟再判定一次,每次判定时间均不得超过 5～7 s。在医务人员未接替抢救前,现场抢救人员不得放弃现场抢救。　　　　　　　　（　　）

6.触电伤员外部出血时应立即采取止血措施,防止失血过多而休克。外观无伤,但呈休克状态,神志不清或昏迷者,要考虑胸腹内脏或脑部受伤的可能性。　　　　　　　（　　）

五、问答题

1.形成电气火灾和爆炸的主要原因有哪些?

2.二氧化碳灭火器的灭火原理是什么?

3.拨打火警电话时的注意事项有哪些?

4.试述电气防火防爆的措施。

【小组操作】

1.消除引燃源

为了防止出现电气引燃源,应根据爆炸危险环境的特征和危险物的级别和组别选用电气设备和电气线路,并保持电气设备和电气线路安全运行。安全运行包括电流、电压、温升和温度等参数不超过允许范围,还包括绝缘良好、连接和接触良好、整体完好无损、清洁、标志清晰等。保持设备清洁有利于防火。

在爆炸危险环境,应尽量少用携带式电气设备,少装插销座和局部照明灯。为了避免产生火花,在爆炸危险环境更换灯泡应停电操作。

2.保护接地和保护接零

保护导线:单相设备的工作零线应与保护零线分开,相线和工作零线均应装有短路保护元件,并装设双极开关同时操作相线和工作零线。

保护方式:在不接地配电网中,必须装设一相接地时或严重漏电时能自动切断电源的保护装置或能发出声、光双重信号的报警装置。在变压器中性点直接接地的配电网中,为了提高可靠性,缩短短路故障持续时间,系统单相短路电流应当大一些。

3.消防供电

为了保证消防设备不间断供电,应考虑建筑物的性质、火灾危险性、疏散和火灾扑救难度等因素。

高度超过 24 m 的医院、百货楼、展览楼、财政金融楼、电信楼、省级邮政楼和高度超过 50 m 的可燃物品厂房、库房,以及超过 4 000 个座位的体育馆,超过 2 500 个座位的会堂等大型公共建筑,其消防设备均应采用一级负荷供电。

EPS 消防应急电源:户外消防用水量大于 0.03 m/s 的工厂、仓库或户外消防用水量大于 0.035 m/s 的易燃材料堆物、油罐或油罐区、可燃气体储罐或储罐区,以及室外消防用水量大于 0.025 m/s 的公共建筑物,应采用 6 kV 以上专线供电,并应有两回线路。超过 1 500 个座位的影剧院,户外消防用水量大于 0.03 m/s 的工厂、仓库等,宜采用由终端变电所两台不同变压器供电,且应有两回线路,最末一级配电箱处应自动切换。

4. 灭火器的认识

①灭火器的检查:灭火器的外观检查、灭火剂再充装、灭火器的报废年限。

②灭火器的设置。

③灭火设施的基本认识:通过对灭火器的基本认识,加以观看各种灭火设施的图片和灭火方法的视频,结合参观校内各种灭火设施实物,使学生对各种灭火设施的作用及使用方法有更进一步的认识。

④灭火器外观讲解。

5. 室内消防栓的认识

①消防栓的种类:室内消防栓、室外消火栓、室外消防栓、旋转消火栓、地下消防栓、地上消防栓、双阀双出口消火栓。

②消防栓的放置位置:消防栓应放置于走廊或厅堂等公共的共享空间中,一般会在上述空间的墙体内,不管对其作何种装饰,要求有醒目的标注(写明"消火栓"),并不得在其前方设置障碍物,避免影响消火栓门的开启。

③消防栓的使用方法:打开消火栓门,按下内部火警按钮(按钮是报警和启动消防泵的);一人接好枪头和水带奔向起火点;另一人接好水带和阀门口;逆时针打开阀门水喷出即可。注:电起火要确定切断电源。

④消火栓的检查。

6. 储油坑的认识

①车间内变电所的变压器室,应设置容量为 100% 变压器油量的储油池。以上的变压器,应设置容量为 100% 油量的挡油措施。

②露天或半露天变电所中,油量为 100 kg 及特殊要求的,还应按特殊要求进行相关设置。

③有下列情况之一时,变压器应设置容量为 100% 变压器油量的挡油设施或能将油排到安全处的设施:变压器室位于容易沉积可燃粉尘或可燃纤维的场所;变压器室附近有粮、棉及其他易燃物大量集中的露天场所;变压器下方有地下室;变压器室位于建筑物的二层或更高层时,应设置能将油排到安全场所的措施。

7. 常见应急标志灯的认识

①使用时,将标志灯接入 AC220 V/50 Hz 即可,平时让其处于充电状态。

②检查时,按下试验按钮即转入应急指示状态;松开后应回主电充电状态。

③若半年未投入使用,应全充全放电一次。

附　录

附录1　电气安全工作规程

第一章　总　则

第一条　根据水利电力部颁发的《电业安全工作规程》,结合电子工业特点,为贯彻安全第一、预防为主的方针,保障职工在生产中的安全和健康,特制定本规程。

第二条　电力设备运行,应以安全为主,全面执行"安全、可靠、经济、合理"的八字方针。

第三条　一切电气值班人员,维护检修、施工安装、试验、设计和主管领导及技术主管人员,必须执行本规程。禁止非电气人员修理、拆卸电气装置。

第四条　本规程适用于10 kV及10 kV以下供配电系统;35 kV以上供电系统应按《电业安全工作规程》执行。

第五条　工作人员发现有违反本规程,足以危及人身设备安全的现象时,应予制止或拒绝执行之。

第二章　电气安全工作基本要求

第一节　一般规定

第六条　电气设备分为高压和低压两种。

高压:设备对地电压在250 V以上者。

低压:设备对地电压在250 V及以下者。

第七条　电气工作人员应具备下列条件:

1.身体健康,经医生鉴定无妨碍工作的疾病;

2.具备必要的电气知识且按其职务和工作性质熟悉国家的有关规程及本规程,并经主管部门考试合格;

3.必须会触电急救法和电气防火和救火方法。

第八条 电气设备无论带电与否,凡没有做好安全技术措施的,均得按有电看待,不得随意移开或越过遮拦进行工作。

第九条 供电设备无论仪表有无电压指示,凡未经验电、放电,都应视为有电。

第十条 经批准同意停电时,应按范围停电,不得随意扩大停电范围。

第十一条 所谓运行设备系全部带电或部分带电,或一经操作即可带电的设备。

第二节 变电站值班工作

第十二条 变电站值班人员,除符合第七条规定外,还应熟悉所管范围内电气设备性能及一、二次结线图,并能熟练地进行操作与事故的处理。

第十三条 变电站值班人员,每班不得少于 2 人,特殊情况下仅留 1 人时,此人必须具有独立工作和处理事故的能力,并只能监护设备运行,不得单独从事修理工作。

第十四条 变电站值班人员主要工作:

1. 监护仪表保证设备的正常运行,正确果断地排除故障和事故;

2. 根据负荷大小、设备状况、检修试验等任务,调整运行方式,实施安全技术措施和安全组织措施,配合完成作业任务;

3. 严肃认真,正确无误地记录运行日志,按时抄报所规定的表单和报表;

4. 做好调荷节电工作;

5. 做好设备缺陷的检查记录和设备的维护、保养工作,提高设备的完好率;

6. 保管好站内消防器材及常用工具;

7. 做好设备和工作场所的清洁卫生工作。

第十五条 未经批准不得进入变电站,外来参观检查人员,进站必须进行登记。

第十六条 值班室应具备下列资料和工器具:

1. 供配电设备运行模拟图和主接线图;

2. 与实际相符合的图纸;

3. 合格的常用测量表计;

4. 临时携带的照明工具;

5. 常用的电工、钳工工具及维护材料;

6. 合格的安全用具;

7. 电气消防器具。

第十七条 值班人员不得在值班时间做与工作无关的事,不得擅自离开工作岗位。

第三节 变电站交接工作

第十八条 交班者要尽力为下一班创造有利条件,并事先做好下列工作:

1. 核对好运行模拟图;

2. 整理好运行记录及上级和有关单位的联系业务及指令等;

3. 整理好本班内的重要操作、故障、事故的发生处理记录,并提出下一班应做的工作;

4. 整理好值班室存放的图纸资料、工器具等;

5. 审查整理操作票和工作票;

6. 完成清洁卫生工作。

第十九条 接班人员应提前 10 ~ 15 min 到达现场,并详细了解、检查设备运行情况。

第二十条　在下列情况下不得交接班:

1. 接班人醉酒或主要值班人未到;

2. 接班人员未弄清情况;

3. 事故期间或正在进行倒闸操作。这时的工作应以当班人员为主,接班人员在当班班长统一领导下协助工作。

第二十一条　在交接清楚之后,由值班班长在值班日志上签名。

第四节　电气设备的巡视和检查

第二十二条　巡视检查一般必须两人进行,其中至少1人必须符合第十二条的规定,主管技术员、值班长、技术主任允许单独巡视检查设备,巡视检查期间,一般不得打开电气设备遮拦进行工作,工作量不大,在符合下列条件时,准许打开遮拦或越过遮拦进行工作:

1. 带电部分在工作人员的前面或一侧;

2. 人体对带电部分的最小距离为6 kV及以下≥35 cm;10 kV≥70 cm;

3. 接地情况良好;

4. 6~10 kV系统没有单相接地现象。

第二十三条　巡视检查时,应带常用工具、穿绝缘鞋、戴绝缘手套、手电筒及记录本等,以备使用。

第二十四条　高压设备发生接地时,室内不得接近故障点4 m以内,室外不得接近故障点8 m以内。在上述范围内人员,必须穿绝缘鞋;接触设备外壳和构架时,应戴绝缘手套。

第五节　倒闸操作

第二十五条　倒闸操作必须根据电力调度员或主管领导的命令,受令人复诵无误后执行,监护人由技术业务比较熟练的担任。倒闸操作由操作人填写操作票,每张操作票只能填写一个操作任务。

第二十六条　倒闸操作顺序为:合闸送电先合电源侧刀闸,后合负荷侧刀闸,最后合具有灭弧能力的油开关或空气开关;断电顺序与上述相反。用跌落式保险操作,送电时先合边相,最后合中相;断电与上述相反,断合时还应考虑风向,禁止用无灭弧能力的刀闸开关带电拉合。

第二十七条　下列倒闸操作,必须签写操作票:

1. 供电系统变压器的并列和解列;

2. 10 kV高压设备超过两项以上的倒闸操作。(上述重要操作,由电力调度员或主管技术员签发操作令)

第二十八条　下列操作可不用操作票,但必须有监护人在场;

1. 电网限负荷时停送油开关或其他开关的单一操作;

2. 事故处理。

第二十九条　倒闸操作票的填写,按实际运行模拟图,填写的主要内容:

1. 操作任务;

2. 发、受令人,操作人和监护人;

3. 应断、合的开关;

4. 应退、投的保护和自动装置;

5.应拆、装的接地线;

6.重要的检查修理项目;

7.操作起始时间及终结时间。

第三十条　操作时应对设备进行核对,检查正确无误,在执行过程中,由监护人对照操作票发令,操作人要准确执行,操作中发生疑问时,不准擅自更改操作票,必须向电力调度员或值班负责人报告,弄清楚后再进行操作。

第三十一条　操作票应先编号,按编号顺序使用,作废的操作票,应注明"作废"字样;已操作的注明"已执行"的字样。上述操作票保存3个月。

第三章　保证安全工作的组织措施

第三十二条　保证安全工作的组织措施包括:

1.工作票制度;

2.工作许可制度;

3.工作监护制度;

4.工作结束和送电制度。

第一节　工作票制度

第三十三条　下列工作应填写工作票或按命令执行:

1.部分或全部停电工作;

2.设备虽不需要求停电,但靠近带电设备须作遮拦,其他安全技术组织措施和须指出注意事项。事故紧急抢修设备,可不填写工作票,但安全技术组织措施应满足安全工作要求,并有监护人。

第三十四条　工作票由检修工作负责人用钢笔或圆珠笔填写清楚,一式两份,一份交工作负责人,一份由值班员保存。

第三十五条　工作票由主管技术员或动力部门主管负责人签发。

第三十六条　工作票中有关人员应负的责任:

1.工作票签发人:工作负责人是否合适,工作的必要性,应做的安全技术措施和安全组织措施是否正确完备。

2.工作负责人(监护人):正确、安全地组织工作,结合实际进行安全思想教育,督促、监护工作人员遵守安全规程;检查工作票所载安全措施是否正确完备和值班员已做的安全措施是否符合现场实际条件;工作前对工作人员交代安全事项。

3.工作许可人(值班员):负责审查工作票所列安全措施是否正确完备;工作现场布置的安全措施是否完善;检查停电设备有无突然来电的危险;对工作票中所列的内容发生疑问必须向工作票签发人询问清楚,必要时要求作详细补充。

4.工作班中的成员:相互关心,相互监督,严格按安全规程进行工作。

第二节　工作许可制度

第三十七条　工作许可人(值班人)在完成施工现场的安全措施后还应:

1.会同工作负责人到现场再次检查所做的安全措施,并以手触试,证明检修设备确无电压;

2. 对工作负责人指明带电设备的益和交代注意事项;

3. 和工作负责人在工作票上分别签名。完成上述许可手续后,方可开始工作。

第三十八条　工作负责人、工作许可人,任何一方不得擅自更改安全措施,值班人员不得变更有关检修设备的运行结线方式。工作中如有特殊情况需要变更时,应事先取得对方的同意。

第三十九条　当工作量大,需要长时间工作时,应保留所作的全部安全措施(以不妨碍其他设备的正常运行为原则),可不重复签发工作票,但下次开展工作前由工作负责人会同值班人员检查安全措施是否完整,确认无误后,方可进行工作。

第三节　工作监护制度

第四十条　工作负责人应向全体工作人员清楚交代任务、工作范围、应注意事项、带电的部位,工作负责人(监护人)必须始终在现场工作,对工作人员的安全认真监护及时纠正违反安全的行为。

第四十一条　当工作负责人需要暂时离开现场时,应指定监护人员代替,并向代替人交代清楚有关事宜,同时通知全体工作人员。

第四十二条　若工作在两地,工作负责人可指派有实际经验的人员到另一地去,但需把任务、注意事项交代清楚。

第四节　工作结束和送电制度

第四十三条　工作结束后,工作负责人应负责检查、清理工作现场,拆除所有的安全措施,撤出全体工作人员,确保工作设备可以安全送电,再与值班人员办理结束工作手续。

第四十四条　值班人员接到工作负责人的工作结束申请后,应对工作设备进行检查,符合运行要求后与工作负责人相互在工作票上签名,注明结束工作时间,收回工作票。

第四十五条　在未办理工作票终结手续以前,值班人员不得将检修设备合闸送电。在工作间断期间,若紧急需要送电,必须根据工作负责人确切通知,全部工作人员已离开工作地点,拆除安全措施,用电设备符合要求的情况下,方可送电。

第四十六条　已结束的工作票保存 3 个月。

第四章　保证安全工作的技术措施

第四十七条　在全部和部分停电设备上工作,必须完成以下安全措施:

1. 停电;

2. 验电;

3. 装设接地线;

4. 悬挂标示牌,装设遮拦。

上述措施由值班员执行并应有监视人。

第一节　停　电

第四十八条　工作地点必须停电的设备如下:

1. 检修的设备;

2. 与工作人员在进行工作中正常活动范围的距离小于 35 cm 的设备;

3. 带电部分在工作人员的后面或两侧;

4. 无法制作必要的安全防护措施而又影响工作的带电设备。

第四十九条 在停电时,必须断开各方面有关的电源,停电必须有明显可见的断开点,严禁带负荷切合隔离刀开关。

第五十条 停电范围以满足安全工作为限,不能随意扩大停电范围,在停电前应与水泵站、医务室、锅炉房等重要供电单位联系,防止突然断电造成不良后果。

第二节 验 电

第五十一条 验电笔必须符合所验设备的电压等级,使用验电笔前应先在有电设备上进行验电,(对 6 kV 以上带电体验电时,禁止验电笔接触带电体)确认验电笔良好,方可进行。验电时应戴绝缘手套,穿绝缘靴,不许以电压表和信号灯有无指示作为判断有无电的依据。

第三节 装设接地线(包括短路线)

第五十二条 当验明设备确已无电后,应立即将检修设备放电,并将三相接地短路,当工作设备有几个方面可能来电,就挂设几组接地线。接地线应挂在工作人员看得见的地方,但不得挂设在工作人员附近,以防突然来电时烧伤工作人员。

第五十三条 装设接地线必须两人进行。装设时先接接地端,后接导体端,必须接触良好。拆接地线的顺序与上述规定相反。装拆接地线均应使用绝缘棒或戴绝缘手套。

第五十四条 接地线应符合短路电流要求,使用截面不得小于 25 mm² 的多股软裸铜线制作。接地线应有编号,并存放在固定地点。

第四节 挂标示牌和装设遮拦

第五十五条 在一经合闸即可送电到工作地点的开关和刀闸的操作把手上,均匀悬挂"禁止合闸有人工作!"的标示牌;如果线路上有人工作,应在线路开关和刀闸的操作把手上悬挂"禁止合闸,线路上有人工作!"的标示牌,标示牌的悬挂和拆除应按操作票或工作票中所规定的执行。

第五十六条 "禁止合闸、有人工作"标示牌表示有人在设备上工作,不许送电;"禁止合闸"标示牌表示运行中设备不许合闸,两种不能混同使用。

第五十七条 在高压设备内工作,安全距离不够时,应设临时遮拦;在室内高压设备上工作,应在工作地点两旁间隔和对面间隔的遮拦上和禁止通行的过道上悬挂"止步,高压危险!"的标示牌。

第五十八条 工作人员不得随意取掉已挂的各类标示牌、装设的遮拦、接地线等安全设施,若上述安全设施影响工作时,须取得工作负责人和值班人员同意后,方可更改。

第五章 低压带电工作

第五十九条 在设备的带电部位上工作或在运行的电气设备外壳上工作,均称为带电工作。

第六十条 不允许在 6 ~ 10 kV 及以上电压等级的设备上带电工作,但可以进行低压带电工作。带电工作必须两人进行,一人工作,一人监护。

第六十一条 带电工作时要扎紧袖口,使用安全绝缘工具进行操作,不允许使手直接接触带电体,也不允许身体同时接触两相或相与地。

第六十二条　站在地上的人员,不得与带电工作者直接传送物件。

第六十三条　在下列情况下,禁止带电工作:

1. 阴雨天气;

2. 防爆、防火及潮湿场所;

3. 有接地故障的电气设备外壳上;

4. 在同杆多回路架设的线路上,下层未停电,检修上层线路或上层未停电且没有防止误碰上层的安全措施检修下层线路。

第六章　在架空线路及电缆上工作

第六十四条　在架空线路及电缆上工作时,应做好安全组织措施和安全技术措施。

第六十五条　蹬木杆应先检查杆根,当腐杇在 1/3 以上或有空心时,应做加固措施。

第六十六条　在杆子未立妥、夯实之前,杆根挖空时,不许蹬杆工作。

第六十七条　工作人员上杆前应检查安全带、踩板、脚扣等工具是否符合要求,并戴好安全帽。蹬杆位置选定之后,应绑好安全带,安全带不允许绑在横担或瓷瓶上,杆上所需的材料、工具不许投掷,应用绳子拉吊。

第六十八条　在承力、转角、耐张、终端等杆上工作时,应检查是否平衡(特别是当在断线之后),否则应有临时拉线或撑杆,防止倾倒。

第六十九条　下雨或雷雨快要来临时,禁止蹬杆工作;在杆上工作的人员应即速下杆。

第七十条　杆上工作放线、紧线时,要注意来往行人和车辆,在交通要道、人多的地方,应有防护措施。

第七十一条　在埋有电缆的地方动土,应经过机动科同意,并有人员监护指导,挖出的电缆应很好地保护,移动时必须停电,工作要小心谨慎,防止损坏电缆。熬电缆胶时,应有专人看管,工作人员应戴帆布手套,穿鞋盖,戴防护眼镜。

第七十二条　制作环氧树脂电缆头和调配环氧树脂工作过程中,应采取有效的防毒和防火措施。

第七章　在高压设备二次系统上的工作

第七十三条　继电保护的试验和仪表的校验,一般应将设备停电,并按工作票执行。

第七十四条　所有电流(压)互感器的二次线圈,应有永久性的良好接地装置。

第七十五条　电流互感器的二次侧不允许开路运行,开路运行会危及人身和设备的安全。

第七十六条　电压互感器二次侧不准短路运行,短路运行会危及设备安全。

第八章　在电力电容器上的工作

第七十七条　在电力电容器上工作,必须将电容器断开电源,并做好安全措施,悬挂标示牌。工作前应对电容器充分放电。

第七十八条　380 V 电容器放电装置必须完整、齐全、可靠;10 kV 电容器的放电电压互感器一次回路上不得接其他装置。

第九章 暂设电源装置

第七十九条 暂设电源装置适用于 10 kV 及以下临时用电设施的安装。暂设电源是指由于生产和工作急需,不能及时装设正式永久的供用电设施,均称为暂设电源。

第八十条 暂设电源必须办理审批手续,由使用单位填写"暂设电源申请单"一式三联,经电力主管部门批准。暂设电源使用期限一般为 30 天。到期拆除。如需继续使用,须办延期申请手续,但延期不得超过 30 天,否则电力主管部门有权停止供电,并报厂部处理。

第八十一条 对于基建工程使用的电焊机、搅拌机、卷扬机及现场照明等,由建筑部门按工期申请,经批准后接用,到期拆除。

第八十二条 暂设电源线路,应采用绝缘良好、完整无损的橡皮线,室内沿墙敷设,其高度不得低于 2.5 m,室外跨过道路时,不得低于 4.5 m,不允许借用暖气、水管及其他气体管道架设导线,沿地面敷设时,必须加可靠的保护装置和明显标志。

第八十三条 架空线路可采用木杆、木横担。木杆的梢径除应满足机械强度外,一般不小于下列数值:

10 kV 150 mm

1 kV 以下 120 mm

第八十四条 架空导线的截面,除应满足安全载流量外,不应小于附表 1.1 中的数值:

附表 1.1　架空导线最小截面　　　　　单位:mm²

导线类别	最小截面	
	10 kV	0.4 kV
铜线	16	6
铝线	25	10(多股)
钢芯铝线	25	—

第八十五条 变压器容量≤180 kV·A 时,可用熔断器保护并设有二次计量,变压器及其配套设施,应加遮拦防护,遮拦高度不得低于 2.5 m。

第八十六条 低压电表及计量装置,可采用立式或表箱。分路在两路及以下时,可不设总闸。

第八十七条 电动机及附属设备(如起动器、开关、按钮等)装设在露天,均应有防雨措施并安装牢固。

第八十八条 移动式电气设备和器具,应采用橡皮护套绝缘软线。与电源连接,应采用开关、插头座。严禁用导线直接插入插座或挂在电源线上使用。3 kW 及以上的电动机要配套完善的启动设备,并有可靠的接零保护。

第八十九条 行灯等手持式电动工具、器具应根据使用现场,分别采取可靠的安全保护措施,如漏电保护电器或使用 36 V 以下的安全电压、安全变压器应采用双圈的,一、二次侧应有熔断器保护。

第九十条 临时照明和节日彩灯的安装要求:

1.工地办公室、工作棚及现场地的临时灯线路,应采用橡皮线,灯具对地不得低于2.5 m;

2.灯头与可燃物的净距,一般不应小于300 mm;聚光灯、碘钨灯等高热灯具与可燃物的净距,一般不应小于500 mm;

3.露天应采用防水灯头,与干线连接时,其接点应错开50 mm以上;

4.节日彩灯导线的最小截面,除应满足安全载流量外,不应小于2.5 mm^2,导线不得直接承力,所有导线的支持物均应安装牢固;

5.节日彩灯,对地高度小于2.5 m时,必须采取安全电压。

第十章　事故的处理和管理

第九十一条　电气事故处理原则:

1.尽速限制事故的发展和扩大,消除事故的根源,排除对人身和设备的危险;

2.用一切可能办法,保持设备继续运行;

3.尽快恢复已停电的设备。

第九十二条　电气事故的处理,应在值班长的集中统一领导下进行,在事故处理期间,值班长应坚守岗位组织事故处理。

第九十三条　当事故使开关跳开后,值班人员应先对开关保护系统进行检查,确认无误后,方可强送电一次,强送电时要注意表计及设备有无异常变化,若有异常情况,应即速拉闸,待查明原因,处理妥善后,方可再行送电。当油开关切断事故3次时,应立即对触头进行解体检查。

第九十四条　当发生变压器过负荷,湿度升高等现象时,值班人员应立即对负荷进行倒换,或投入备用变压器,保证正常供电。

第九十五条　当出现高压单相接地信号时,值班人员应根据信号反应,迅速查明接地点,并及时处理,接地故障寻找期间,设备可以继续运行,但这时非故障相对地电压将升高1.732倍,值班人员应严密监视设备运行,防止事故扩大。

第九十六条　事故发生后,值班人员在处理的同时,应立即将情况报告给主管人员。

第九十七条　事故处理结束后,应填写事故报告,经值班长签字一份送机动科,一份送生产科,主要内容如下:

1.发生时间、地点,设备名称,处理事故的全过程;

2.设备损坏情况,停电范围和时间及恢复送电的时间;

3.由于事故所造成的直接经济损失;

4.保护设备动作情况的鉴定;

5.事故情况的分析及今后的对策;

6.事故处理人姓名、报告填写人姓名。

第十一章　附　则

第九十八条　本规程各条如与国家规定有抵触时,按国家规定执行。

第九十九条　本规程解释与修改权属电子工业部。

第一百条　本规程自公布之日起执行。

附录 2　电气值班制度

第一章　值班管理

第一条　长白班的安全管理：

1. 各工段长（班长）按生产的需要和车间的要求安排好一切生产业务工作。

2. 积极主动完成本职工作，搞好检修、运行、安装、改造工作，对各种预防性检修、计划性检修、生产突发事故抢修等工作应安全、高速、优质地完成。

3. 加强巡视检查，维护保养，力求减少事故发生。

4. 承担各项零星技改任务及仪电修理任务。

5. 凡白班接受的任务和正在进行的任务，原则上不准留给值班人员去处理。

6. 各工段（班、组）长应严格执行工作记录制度（内容包括：当天发生的一切生产活动、人力安排、检修情况、加班处理事故情况、处理事故的效果及遗留问题等）。每月各工段、班组长将工作记录清理备查。

7. 加班应根据工作合理安排，严禁一点事，全体加班。学工、实习生一般不能安排加班，确属人员不够需学工加班时，必须经车间主任同意方可有效。

8. 搞好各工作场所、配电室清洁卫生。

第二条　生产值班的安全管理：

1. 值班人员必须按上级批准的值班方式进行值班，不准自行改变。

2. 值班期间负责本责任区电器设备（仪表设备）故障的处理，保证生产正常进行，处理后必须向厂调度室汇报。

3. 值班电工的工作标准是保证生产安全可靠地进行。必要时在安全的前提下可采用临时措施，但必须做好记录，交班长组织人员检修。

4. 值班电工由 3 人组成，其中至少有一人必须持有电工《特种作业操作证》，严禁一人上岗处理电器故障，发现问题，及时向岗位长、车间、调度室汇报。

5. 值班电工应积极想办法处理值班期间发生的一切事故，不得随意要求派人加班，中夜班烘电机由值班人员负责检查电流、温升等事宜。

6. 对重大事故，又不能采取临时措施时，必须报告车间主任，组织抢修，原则上检修时值班人员应在现场积极配合。

7. 值班长统一安排值班人员，各班由岗位长负责（包括总配人员）。

8. 值班人员必须做好值班记录、交接班记录。

第三条　总配（降）值班的安全管理：

1. 值班人员必须按上级批准的值班方式进行值班，不准自行改变。

2. 做好 24 小时总配（降）电器运行记录，数字准确无误。

3. 值班期间不准脱岗、串岗、自行代班和做与值班无关的事情。

4. 严格执行巡回检查制度，每班对高压系统和各重要设备进行巡视检查。

5. 严格执行《总配(降)运行规则》《工作票、操作票》制度。

6. 值班记录填写内容:

①有关通知和指示

②设备运行状况

③事故及不正常运行情况

④电流、电压、电度情况

⑤倒闸操作制度

⑥巡回检查情况

第二章　交接班管理

第四条　值班人员应按厂部规定,提前到达岗位,交接双方全体成员(或按责任范围)进行交接班,一般在班组值班室进行,必要时到现场交接。交接内容必须用书面交接,并由双方人员签字。

第五条　书面交接内容:

1. 系统或设备的运行变动及事故情况。

2. 未完成的工作项目、有效的工作票。

3. 有关通知及指示。

4. 公用工具的保存和借用情况。

第六条　交接班应严肃认真,交接过程中出现事故由交班人负责处理,接班人员积极协助工作。

第七条　当接班人员少于两人,或人员出现异常等现象,不得进行交接班,遇此情况应向工段或车间汇报。

第八条　交班人员在交班前半小时对所有设备进行全面检查,并对 10 kV 高压室、工作场地、休息室进行清洁卫生打扫,否则接班人员可拒绝接班。

第三章　巡回检查

第九条　全厂高低压电器设备,必须进行日常巡视及周期巡检。

第十条　各责任区(电工班)每天必须对自己所属责任区内的电气设备进行巡检,严格做好巡检记录,及时报告工段、值班长组织处理故障及事故隐患。

第十一条　生产巡检内容:

1. 该区的照明系统是否正常。

2. 转动设备有无异常响声,温升是否在允许范围内,并监督操作人员正确使用电器设备。

3. 各配电系统的电气设备接点是否接触良好,有无发热现象,空气开关有无发热现象、电缆头有无放电、漏电、发热现象。

4. 电气有无不安全不整洁的地方。

第十二条　外线巡检内容:

1. 外线的巡检应保持 1～2 月 1 次,雷雨季节前后应增加巡检次数。出现特殊情况应立即外出巡检。

2.架空导线、瓷瓶。

3.电杆、拉线是否完好。

4.电杆全杆接地是否完好。

第十三条 做好巡检记录,发现问题马上报告车间组织检修。

第十四条 变压器的巡检:

1.变压器的油位及有无漏油现象,温升是否正常。

2.高压侧有无放电现象,变压器有无异常声响。

3.厂内各变压器每日巡检一次,一、二泵变压器每周巡检两次。

第四章 电气安装、检修、工作任务部署及验收

第十五条 除巡检、维修等日常工作外,凡进行安装、检修、改装、新增设备等工作,统一由车间主任(或车间主任指定的工程技术人员)向工段、值班长下达工作任务,其形式是用工作任务单下达。未经车间安全负责人批准,不得更改作业方案。

第十六条 任务下达后由各工作班负责材料领用,并根据任务要求日期按照完工,如未完成或不执行任务的按车间、厂经济责任制进行考核。

第十七条 安全整改统一由车间用安全整改通知单下达工作任务。

第十八条 日常维修工作在工段长统一领导指挥下,应急生产所急,组织人员及时进行修理。

第十九条 高压开关柜分合闸,事后应向车间主任(或车间主任指定的专人)报告。

第二十条 安装改造完毕,必须由施工班长(或班长指定的专人),工程技术人员主持与生产车间按电气安装改造工种、竣工验收管理规定进行交接验收。

第二十一条 电气系统运行质量、检修情况、计划报表的管理执行车间分工负责制。

第五章 工作票管理

第二十二条 电气设备上工作应按工作票和口头命令(包括电话命令、记录命令)执行。

第二十三条 适用于工作票和口头命令方式的工作范围:

1.适用于工作票的工作:

a.高压设备上工作,需停电或部分停电时;

b.高压室二次线路上工作,需停高压设备或装设遮拦时;

c.高压线路作业。

2.适用于口头命令的方式:

a.值班人员日常进行的维护、清扫、简单的故障处理等工作;

b.取变压器油样;

c.低压线路需停电工作。

第二十四条 安全负责人:

1.工作票签发人:

a.工作票签发人可由车间主任、副主任、技术员担任。

b.工作票签发人对工作的必要性、安全性、安全措施的正确、完备性、可靠性、工作负责人及工作班人员的条件负完全的责任。

2.工作负责人：

a.工作负责人可由工段长、值班长及由工段长指定的专人担任。

b.工作负责人正确组织工作,负责检查工作人员的安全措施执行情况,向工作班人员作必要的安全技术说明,时刻跟随工作班人员,并进行监护检查,与工作许可人会签工作票。

3.工作许可人：

a.高压系统工作许可人由值班班长、总配值班人员担任。

b.低压系统工作许可人由电气工程技术人员和电工工段正幅工段长担任。

c.负责审查工作票所列安全措施是否正确完备,是否符合现场条件。

d.检查停电设备有无突然来电的可能性。

e.对工作票中所列内容即使产生很小疑问,也必须向工作票签发人询问清楚,必要时应要求作必要的补充。

4.值班班长：

负责审查工作票所列安全措施的完备性和总配所作安全措施的可靠性。

5.工作班成员(参加电气检修的人员)：

认真执行安全规程,搞好现场安全措施,互相关心施工安全,并监督安全制度及现场安全措施的实施。

第六章　工作许可监护终结管理

第二十五条　工作许可人(值班员)必须完成工作票中的安全措施,不得变更安全措施和有关检修设备运行的接线方式。

第二十六条　工作负责人(监护人)在完成工作许可手续后应向工作班人员交代现场安全措施,带电部分和注意事项,并始终在工作现场,在全厂停电时工作负责人可以参加工作班工作。

第二十七条　在未办理工作票终结手续以前,任何人不得下送电指令,值班人员不准将施工设备合闸送电。

第二十八条　检修工作结束后,全体工作人员拆除临时遮拦、标志牌、接地线。经最后检查可安全送电时,全体人员撤离现场,工作负责人到工作许可人处办理终结手续后方可送电。

第二十九条　使用临时工时,须专人监护,在施工完后交班组。安排好其他工作。

第三十条　当工作负责人用电话通知工作终结时,工作负责人听后,确定无误后方可送电。

第七章　操作票管理

第三十一条　高压开关的操作必须填写《高压电气设备、线路第一种作业票》见附件十三,作业票由监护人填写,操作执行人复核,由车间主任或车间指定的专业工程技术人员审核。

第三十二条 倒闸操作必须根据调度指令,了解操作目的、停送电范围,然后向上级发令人复诵一遍(对命令有疑问应及时提出),无疑问后才能填写《电力调度倒闸操作票》见附件十二。

第三十三条 总配电室停送电时,当班值班岗位长必须到总配电室协助并监护检查。车间主任必须到总配电室监督检查,在向全厂送电前必须检查有无接地现象,确认无误后方可操作。

第三十四条 操作票应对照开关图进行填写操作步骤(每步只包含一个操作内容),严禁凭记忆填写,与两位值班员研究无误后签字,在操作票签字后再进行操作(值班人员一人为操作人,另一人为监护人)。

第三十五条 监护人待操作人站好位置后才能下操作命令,操作人员要手指被操作的设备,复诵编号,无误后,监护人发出执行命令,操作人员才能进行操作,操作中遇事故或异常现象,报告厂调度室并按厂调度指令执行,并做好记录。

第三十六条 每操作一步,应通过目测机构,检查操作后的情况(各种开关是否到位),无误后监护人在该步骤画"√"记号。

第三十七条 操作完毕后应立即向上级发命部门报告,在操作票、运行记录上记上完成时间及现在厂供电运行方式。

第三十八条 操作完毕后,必须根据调度指令及检修工作票的要求,做好必要的安全措施(验电、放电、拆挂接地线、悬挂标示牌等)。

第三十九条 操作程序及注意事项:

1.送电首先合母线侧隔离开关,后合油开关(或负荷开关),停电时顺序相反,严禁带负荷拉合隔离开关或刀闸。

2.拉单极隔离开关或跌落保险时,应先拉中相,后拉边相,投入时顺序相反。

3.倒闸操作中,不得发生电力变压器或电压互感二次侧倒送电的事故(停变压器时必须断开变压器高低压侧的油开关、空气开关和隔离开关)。

4.两电源并列运行时,不得用隔离开关操作。

5.事故情况下可以不用操作票,但当值人员必须全面了解电气接线、运行方式,在保持清醒的头脑后才能进行操作,事后必须记入运行记录,并向车间报告。

6.下风线事故处理按长寿供电局发《詹长线、下风线及小下洞电站事故处理办法》以及本厂《供电预案》执行。

第四十条 操作票签发人:

1.有专业安全技术知识。

2.熟悉我厂供电情况,各种运行方式及接线方式。

3.对下风线、詹长线、詹瓦线的操作票,由值班长、车间电气主任、能计处主管电器的工程技术人员签发。

4.厂内电气操作,由值班长、车间主任、电器工程技术人员签发。

5.签发人审核操作票的指令来源及内容的正确性,审核操作步骤的正确性。

第八章　临时安全用电管理

第四十一条　使用单位填写《临时用电安全作业证》见附件十四,报能计处批准后,交十一车间电工工段实施。

第四十二条　临时线路安装完毕后,应将该设施向使用单位负责人交接清楚,在使用期间使用单位应对该设施的安全使用负责,发现故障应立即停止使用并通知电工检修。

第四十三条　临时线路使用完毕,电工应按申请单上的时间及时拆除,若使用单位工作提前结束,由使用单位及时通知电工拆除,若需要延长使用时间,须重新到能计处办理手续方可延长。临时线路所用材料由十一车间电工收回,并交回库房。

第四十四条　紧急情况下,可按厂长或厂值班调度员指令架设临时线路,但事后仍需由使用单位补办手续。

第九章　总配电所安全管理

第四十五条　我厂变(配)电所属要害部门,非公闲杂人员严禁入内。

第四十六条　厂、车间领导,专业技术人员,生产调度可直接入内,其他非本岗位人员必须有车间签发证件方可入内。

第四十七条　凡外单位来总配内部参观学习者,必须持单位介绍信与我厂厂部联系,经批准后持证方可入内。

第四十八条　实习人员未经许可不得抄录设备及记录数据,不得带走总配记录纸。

第四十九条　各类人员进入重要部门时,值班人员都必须办好登记手续,以备检查。凡手续不具备者,值班人员有权拒绝进入。

第五十条　总配值班人员必须坚守岗位,要求每天 24 小时值班,不得擅离职守,值班期间离岗造成后果概由值班人员负完全责任。

第五十一条　车间治保小组每月对总配作必要的保卫、安全、消防检查。

第十章　防雷装置的安全管理

第五十二条　防雷装置分为:避雷针、避雷线、避雷带、避雷网、避雷器等种类,避雷装置由接闪器、引下线和接地装置组成。

第五十三条　避雷针、避雷线、避雷带、避雷网及引下线和接地装置应由所属车间(单位)负责其各部位有无断裂、腐蚀和锈蚀情况以及避雷针有无倾斜、倒塌等进行日常检查和维护;避雷器车间负责每年雷雨季节前对其进行专业检验(其接地电阻不大于 5 ~ 10 Ω)。

第五十四条　避雷器由电气车间根据避雷器的种类按相关的规定进行检查和定期试验。

第五十五条　企业所属的工业与民用建筑物和构筑物、变电所的室外配电装置、有爆炸或火灾危险的露天储罐、高压架空电力线路和变电站等应装设防雷击的避雷装置。

第五十六条　建筑物内的金属设备、金属管道、结构钢架应接地。

第五十七条　金属屋顶应将其可靠接地,对于钢筋混凝土屋顶应将屋面钢筋焊成 6 ~ 12 m 金属网格,连成通路并接地;对于非金属屋顶应在屋顶上加装边长 6 ~ 12 m 金属网格并接地,屋顶或其上金属网格的接地不少于2处,其间距不得超过18~30 m。

第五十八条 变配电装置、低压线路终端、架空管道等应有防雷电侵入的防护措施。

第十一章 附 则

第五十九条 有资质的外单位在企业所属区域进行电气作业,应遵守本制度,若其电气作业对企业构成影响、危及安全,应及时制止。

第六十条 本制度自下发之日起执行。

第六十一条 本制度解释权属能计处。如有争议时由厂安全生产委员会仲裁。

附录3 国家电网公司电力安全工作规程
（变电站和发电厂电气部分）

1 总 则

1.1 为加强电力生产现场管理,规范各类工作人员的行为,保证人身、电网和设备安全,依据国家有关法律、法规,结合电力生产的实际,制定本规程。

1.2 作业现场的基本条件

1.2.1 作业现场的生产条件和安全设施等应符合有关标准、规范的要求,工作人员的劳动防护用品应合格、齐备。

1.2.2 经常有人工作的场所及施工车辆上宜配备急救箱,存放急救用品,并应指定专人经常检查、补充或更换。

1.2.3 现场使用的安全工器具应合格并符合有关要求。

1.2.4 各类作业人员应被告知其作业现场和工作岗位存在的危险因素、防范措施及事故紧急处理措施。

1.3 作业人员的基本条件

1.3.1 经医师鉴定,无妨碍工作的病症(体格检查每两年至少一次)。

1.3.2 具备必要的电气知识和业务技能,且按工作性质,熟悉本规程的相关部分,并经考试合格。

1.3.3 具备必要的安全生产知识,学会紧急救护法,特别要学会触电急救。

1.4 教育和培训

1.4.1 各类作业人员应接受相应的安全生产教育和岗位技能培训,经考试合格上岗。

1.4.2 作业人员对本规程应每年考试一次。因故间断电气工作连续 3 个月以上者,应重新学习本规程,并经考试合格后,方能恢复工作。

1.4.3 新参加电气工作的人员、实习人员和临时参加劳动的人员(管理人员、临时工等),应经过安全知识教育后,方可下现场参加指定的工作,且不得单独工作。

1.4.4 外单位承担或外来人员参与公司系统电气工作的工作人员应熟悉本规程、并经考试合格,方可参加工作。工作前,设备运行管理单位应告知现场电气设备接线情况、危险点和安全注意事项。

1.5 任何人发现有违反本规程的情况,应立即制止,经纠正后才能恢复作业。各类作业人员有权拒绝违章指挥和强令冒险作业;在发现直接危及人身、电网和设备安全的紧急情况时,有权停止作业或者在采取可能的紧急措施后撤离作业场所,并立即报告。

1.6 在试验和推广新技术、新工艺、新设备、新材料的同时,应制定相应的安全措施,经本单位总工程师批准后执行。

1.7 电气设备分为高压和低压两种:

高压电气设备:电压等级在 1 000 V 及以上者;

低压电气设备:电压等级在 1 000 V 以下者。

1.8 本规程适用于运用中的发、输、变、配电和用户电气设备上的工作人员(包括基建安装、农电人员),其他单位和相关人员参照执行。

所谓运用中的电气设备,是指全部带有电压、一部分带有电压或一经操作即带有电压的电气设备。

各单位可根据现场情况制定本规程补充条款和实施细则,经本单位主管生产的领导(总工程师)批准后执行。

2 高压设备工作的基本要求

2.1 一般安全要求

2.1.1 运行人员应熟悉电气设备。单独值班人员或运行值班负责人还应有实际工作经验。

2.1.2 高压设备符合下列条件者,可由单人值班或单人操作:

①室内高压设备的隔离室设有遮拦,遮拦的高度在 1.7 m 以上,安装牢固并加锁者;

②室内高压断路器(开关)的操动机构(操作机构)用墙或金属板与该断路器(开关)隔离或装有远方操动机构(操作机构)者。

2.1.3 无论高压设备是否带电,工作人员不得单独移开或越过遮拦进行工作;若有必要移开遮拦时,应有监护人在场,并符合附表3.1的安全距离。

附表 3.1 设备不停电时的安全距离

电压等级/kV	10 及以下(13.8)	20、35	66、110	220	330	500
安全距离/m	0.70	1.00	1.50	3.00	4.00	5.00

注:附表3.1中未列电压按高一档电压等级的安全距离。

2.1.4 10,20,35 kV 配电装置的裸露部分在跨越人行过道或作业区时,若导电部分对地高度分别小于 2.7,2.8,2.9 m,该裸露部分两侧和底部须装设护网。

2.1.5 户外 35 kV 及以上高压配电装置场所的行车通道上,应根据附表3.2设置行车安全限高标志。

附表 3.2 车辆(包括装载物)外廓至无遮拦带电部分之间的安全距离

电压等级/kV	35	66	110	220	330	500
安全距离(m)	1.15	1.40	1.65(1.75)	2.55	3.25	4.55

注:括号内数字为110 kV 中性点不接地系统所使用。

2.1.6 室内母线分段部分、母线交叉部分及部分停电检修易误碰有电设备的,应设有明显标志的永久性隔离挡板(护网)。

2.1.7 待用间隔(母线连接排、引线已接上母线的备用间隔)应有名称、编号,并列入调度管辖范围。其隔离开关(刀闸)操作手柄、网门应加锁。

2.1.8 在手车开关拉出后,应观察隔离挡板是否可靠封闭。封闭式组合电器引出电缆备用孔或母线的终端备用孔应用专用器具封闭。

2.1.9 运行中的高压设备其中性点接地系统的中性点应视作带电体。

2.2 高压设备的巡视

2.2.1 经本单位批准允许单独巡视高压设备的人员巡视高压设备时,不得进行其他工作,不得移开或越过遮拦。

2.2.2 雷雨天气,需要巡视室外高压设备时,应穿绝缘靴,并不得靠近避雷器和避雷针。

2.2.3 火灾、地震、台风、洪水等灾害发生时,如要对设备进行巡视时,应得到设备运行管理单位有关领导批准,巡视人员应与派出部门之间保持通信联络。

2.2.4 高压设备发生接地时,室内不得接近故障点 4 m 以内,室外不得接近故障点 8 m 以内。进入上述范围人员应穿绝缘靴,接触设备的外壳和构架时,应戴绝缘手套。

2.2.5 巡视配电装置,进出高压室,应随手关门。

2.2.6 高压室的钥匙至少应有 3 把,由运行人员负责保管,按值移交。一把专供紧急时使用,一把专供运行人员使用,其他可以借给经批准的巡视高压设备人员和经批准的检修、施工队伍的工作负责人使用,但应登记签名,巡视或当日工作结束后交还。

2.3 倒闸操作

2.3.1 倒闸操作应根据值班调度员或运行值班负责人的指令,受令人复诵无误后执行。发布指令应准确、清晰,使用规范的调度术语和设备双重名称,即设备名称和编号。发令人和受令人应相互报单位和姓名,发布指令的全过程(包括对方复诵指令)和听取指令的报告时双方都要录音并做好记录。操作人员(包括监护人)应了解操作目的和操作顺序。对指令有疑问时应向发令人询问清楚无误后执行。

2.3.2 倒闸操作可以通过就地操作、遥控操作、程序操作完成。遥控操作、程序操作的设备应满足有关技术条件。

程序操作是遥控操作的一种,但程序操作时发出的远方操作指令是批命令。

遥控操作和程序操作必须满足的技术条件应包括设备运行技术和操作管理两个方面。

2.3.3 倒闸操作的分类:

2.3.3.1 监护操作:由两人进行同一项的操作。

监护操作时,其中一人对设备较为熟悉者做监护。特别重要和复杂的倒闸操作,由熟练的运行人员操作,运行值班负责人监护。

2.3.3.2 单人操作:由一人完成的操作。

①单人值班的变电站操作时,运行人员根据发令人用电话传达的操作指令填用操作票,复诵无误。

②实行单人操作的设备、项目及运行人员须经设备运行管理单位批准,人员应通过专项考核。

2.3.3.3 检修人员操作:由检修人员完成的操作。

①经设备运行管理单位考试合格、批准的本企业的检修人员,可进行 220 kV 及以下的电

气设备由热备用至检修或由检修至热备用的监护操作,监护人应是同一单位的检修人员或设备运行人员。

②检修人员进行操作的接、发令程序及安全要求应由设备运行管理单位总工程师(技术负责人)审定,并报相关部门和调度机构备案。

2.3.4 操作票:

2.3.4.1 倒闸操作由操作人员填写操作票。

2.3.4.2 操作票应用钢笔或圆珠笔逐项填写。用计算机开出的操作票应与手写格式一致;操作票票面应清楚整洁,不得任意涂改。操作人和监护人应根据模拟图或接线图核对所填写的操作项目,并分别签名,然后经运行值班负责人(检修人员操作时由工作负责人)审核签名。每张操作票只能填写一个操作任务。

同一变电站的操作票应事先连续编号,计算机生成的操作票必须在正式出票前连续编号,操作票按编号顺序使用。操作票保存一年。

2.3.4.3 下列项目应填入操作票内:

①应拉合的设备[断路器(开关)、隔离开关(刀闸)、接地刀闸等],验电,装拆接地线,安装或拆除控制回路或电压互感器回路的熔断器,切换保护回路和自动化装置及检验是否确无电压等;

②拉合设备[断路器(开关)、隔离开关(刀闸)、接地刀闸等]后检查设备的位置;

③进行停、送电操作时,在拉、合隔离开关(刀闸),手车式开关拉出、推入前,检查断路器(开关)确在分闸位置;

④在进行倒负荷或解、并列操作前后,检查相关电源运行及负荷分配情况;

⑤设备检修后合闸送电前,检查送电范围内接地刀闸已拉开,接地线已拆除。

2.3.4.4 操作票应填写设备的双重名称。

2.3.5 倒闸操作的基本条件:

2.3.5.1 有与现场一次设备和实际运行方式相符的一次系统模拟图(包括各种电子接线图)。

2.3.5.2 操作设备应具有明显的标志,包括命名、编号、分合指示、旋转方向、切换位置的指示及设备相色等。

2.3.5.3 高压电气设备都应安装完善的防误操作闭锁装置。防误闭锁装置不得随意退出运行,停用防误闭锁装置应经本单位总工程师批准;短时间退出防误闭锁装置时,应经变电站站长或发电厂当班值长批准,并应按程序尽快投入。

2.3.5.4 有值班调度员、运行值班负责人正式发布的指令(规范的操作术语),并使用经事先审核合格的操作票。

2.3.5.5 下列3种情况应加挂机械锁:

①未装防误闭锁装置或闭锁装置失灵的隔离开关(刀闸)手柄和网门;

②当电气设备处于冷备用且网门闭锁失去作用时的有电间隔网门;

③设备检修时,回路中的各来电侧隔离开关(刀闸)操作手柄和电动操作隔离开关(刀闸)机构箱的箱门。

机械锁要一把钥匙开一把锁,钥匙要编号并妥善保管。

2.3.6 倒闸操作的基本要求:

2.3.6.1 停电拉闸操作应按照断路器(开关)—负荷侧隔离开关(刀闸)—电源侧隔离开关(刀闸)的顺序依次进行,送电合闸操作应按与上述相反的顺序进行。严禁带负荷拉合隔离开关(刀闸)。

2.3.6.2 开始操作前,应先在模拟图(或微机防误装置、微机监控装置)上进行核对性模拟预演,无误后,再进行操作。操作前应先核对设备名称、编号和位置,操作中应认其执行监护复诵制度(单人操作时也应高声唱票),宜全过程录音。操作过程中应按操作票填写的顺序逐项操作。每操作完一步,应检查无误后做一个"√"记号,全部操作完毕后进行复查。

2.3.6.3 监护操作时,操作人在操作过程中不得有任何未经监护人同意的操作行为。

2.3.6.4 操作中发生疑问时,应立即停止操作并向发令人报告。待发令人再行许可后,方可进行操作。不准擅自更改操作票,不准随意解除闭锁装置。解锁工具(钥匙)应封存保管,所有操作人员和检修人员严禁擅自使用解锁工具(钥匙)。若遇特殊情况,应经值班调度员、值长或站长批准,方能使用解锁工具(钥匙)。单人操作、检修人员在倒闸操作过程中严禁解锁。如需解锁,应待增派运行人员到现场后,履行批准手续后处理。解锁工具(钥匙)使用后应及时封存。

2.3.6.5 用绝缘棒拉合隔离开关(刀闸)或经传动机构拉合断路器(开关)和隔离开关(刀闸),均应戴绝缘手套。雨天操作室外高压设备时,绝缘棒应有防雨罩,还应穿绝缘靴。接地网电阻不符合要求的,晴天也应穿绝缘靴。雷电时,一般不进行倒闸操作,禁止在就地进行倒闸操作。

2.3.6.6 装卸高压熔断器,应戴护目眼镜和绝缘手套,必要时使用绝缘夹钳,并站在绝缘垫或绝缘台上。

2.3.6.7 断路器(开关)遮断容量应满足电网要求。如遮断容量不够,应将操动机构(操作机构)用墙或金属板与该断路器(开关)隔开,应进行远方操作,重合闸装置应停用。

2.3.6.8 电气设备停电后(包括事故停电),在未拉开有关隔离开关(刀闸)和做好安全措施前,不得触及设备或进入遮拦,以防突然来电。

2.3.6.9 单人操作时不得进行登高或登杆操作。

2.3.6.10 电气设备操作后的位置检查应以设备实际位置为准,无法看到实际位置时,可通过设备机械位置指示、电气指示、仪表及各种遥测、遥信信号的变化,且至少应有两个及以上指示已同时发生对应变化,才能确认该设备已操作到位。

以二元变化来确认设备的操作变位,在执行遥控操作时更显必要。但并不是所有的操作都能具备二元变化,如联络线对侧断路器已经分闸;断路器两侧的隔离开关操作等。除了通过技术手段来实现一些二元变化外(如可通过线路的有电显示器来显示联络线的电压、增设遥视器件等),其他还只能以现场判断的方式来确认。

2.3.6.11 在发生人身触电事故时,为了抢救触电人,可以不经许可,即行断开有关设备的电源,但事后应立即报告调度和上级部门。

2.3.7 下列各项工作可以不用操作票：

①事故应急处理；

②拉合断路器（开关）的单一操作；

③拉开或拆除全站（厂）唯一的一组接地刀闸或接地线。

上述操作在完成后应做好记录，事故应急处理应保存原始记录。

2.3.8 同一变电站的操作票应事先连续编号，计算机生成的操作票应在正式出票前连续编号，操作票按编号顺序使用。作废的操作票，应注明"作废"字样，未执行的应注明"未执行"字样，已操作的应注明"已执行"字样。操作票应保存一年。

2.4 高压设备上工作

2.4.1 在运用中的高压设备上工作，分为3类：

2.4.1.1 全部停电的工作，系指室内高压设备全部停电（包括架空线路与电缆引入线在内），并且通至邻接高压室的门全部闭锁，以及室外高压设备全部停电（包括架空线路与电缆引入线在内）。

2.4.1.2 部分停电的工作，系指高压设备部分停电，或室内虽全部停电，而通至邻接高压室的门并未全部闭锁。

2.4.1.3 不停电工作系指：

①工作本身不需要停电并且没有偶然触及导电部分的危险；

②许可在带电设备外壳上或导电部分上进行的工作。

2.4.2 在高压设备上工作，应至少由两人进行，并完成保证安全的组织措施和技术措施。

3 保证安全的组织措施

3.1 电气设备上安全工作的组织措施

3.1.1 工作票制度；

3.1.2 工作许可制度；

3.1.3 工作监护制度；

3.1.4 工作间断、转移和终结制度。

3.2 工作票制度

3.2.1 在电气设备上的工作，应填用工作票或事故应急抢修单，其方式有下列6种：

填用事故应急抢修单的工作为：

事故紧急抢修可不用工作票，但应使用事故应急抢修单，开始工作前必须按本规程4（保证安全的技术措施）的规定做好安全措施，并应指定专人负责监护。

①填用变电站（发电厂）第一种工作票（见附录 A）

②填用电力电缆第一种工作票（见附录 B）。

③填用变电站（发电厂）第二种工作票（见附录 C）。

④填用电力电缆第二种工作票（见附录 D）。

⑤填用变电站（发电厂）带电作业工作票（见附录 E）。

⑥填用变电站(发电厂)事故应急抢修单(见附录F)。

将带电作业从第二种工作票中分离出来后,提高了带电作业的安全性。

填用带电作业工作票的工作为:

带电作业或与邻近带电设备距离小于附表3.1(设备不停电时的安全距离)规定的工作。

3.2.2　填用第一种工作票的工作为:

①高压设备上工作需要全部停电或部分停电者。

②二次系统和照明等回路上的工作,需要将高压设备停电者或做安全措施者。

③高压电力电缆需停电的工作。

④其他工作需要将高压设备停电或要做安全措施者。

3.2.3　填用第二种工作票的工作为:

①控制盘和低压配电盘、配电箱、电源干线上的工作。

②二次系统和照明等回路上的工作,无须将高压设备停电者或做安全措施者。

③转动中的发电机、同期调相机的励磁回路或高压电动机转子电阻回路上的工作。

④非运行人员用绝缘棒和电压互感器定相或用钳形电流表测量高压回路的电流。

⑤大于附表3.1距离的相关场所和带电设备外壳上的工作以及无可能触及带电设备导电部分的工作。

⑥高压电力电缆不需停电的工作。

3.2.4　填用带电作业工作票的工作为:

带电作业或与邻近带电设备距离小于附表3.1规定的工作。

3.2.5　填用事故应急抢修单的工作为:

事故应急抢修可不用工作票,但应使用事故应急抢修单。

3.2.6　工作票的填写与签发:

3.2.6.1　工作票应使用钢笔或圆珠笔填写与签发,一式两份,内容应正确、清楚,不得任意涂改。如有个别错、漏字需要修改,应使用规范的符号,字迹应清楚。

3.2.6.2　用计算机生成或打印的工作票应使用统一的票面格式,由工作票签发人审核无误,手工或电子签名后方可执行。

工作票一份应保存在工作地点,由工作负责人收执;另一份由工作许可人收执,按值移交。工作许可人应将工作票的编号、工作任务、许可及终结时间记入登记簿。

3.2.6.3　一张工作票中,工作票签发人、工作负责人和工作许可人三者不得互相兼任。工作负责人可以填写工作票。

3.2.6.4　工作票由设备运行管理单位签发,也可由经设备运行管理单位审核且经批准的修试及基建单位签发。修试及基建单位的工作票签发人及工作负责人名单应事先送有关设备运行管理单位备案。第一种工作票在工作票签发人认为必要时可采用总工作票、分工作票,并同时签发。总工作票、分工作票的填用、许可等有关规定由单位主管生产的领导(总工程师)批准后执行。

3.2.6.5　供电单位或施工单位到用户变电站内施工时,工作票应由有权签发工作票的供电单位、施工单位或用户单位签发。

3.2.7 工作票的使用：

3.2.7.1 一个工作负责人只能发给一张工作票，工作票上所列的工作地点，以一个电气连接部分为限。

如施工设备属于同一电压、位于同一楼层，同时停、送电，且不会触及带电导体时，则允许在几个电气连接部分使用一张工作票。

开工前工作票内的全部安全措施应一次完成。

"工作票上所列的工作地点，以一个电气连接部分为限。所谓一个电气连接部分是指设备各侧隔离开关拉开后的设备部分。在现场的检修工作中可以两个及以上相邻的电气连接部分同时检修来满足其中连接设备的检修任务。如断路器线路检修可以同时检修断路器和线路隔离开关，断路器变压器检修可以同时检修断路器和变压器，桥母线接线的母线和分段断路器同时检修，就可以满足分段断路器停电母线侧分段断路器隔离开关的检修。

各种典型的检修方式以网、省市调度批准的方式为准。

继电保护等二次回路工作票上所列工作地点，以成套二次装置为限，其涉及的一次设备安全措施同一次设备检修要求。

3.2.7.2 若一个电气连接部分或一个配电装置全部停电，则所有不同地点的工作，可以发给一张工作票，但要详细填明主要工作内容。几个班同时进行工作时，工作票可发给一个总的负责人，在工作班成员栏内，只填明各班的负责人，不必填写全部工作人员名单。

若至预定时间，一部分工作尚未完成，需继续工作而不妨碍送电者，在送电前，应按照送电后现场设备带电情况，办理新的工作票，布置好安全措施后，方可继续工作。

3.2.7.3 在几个电气连接部分上依次进行不停电的同一类型的工作，可以使用一张第二种工作票。

3.2.7.4 在同一变电站或发电厂升压站内，依次进行的同一类型的带电作业可以使用一张带电作业工作票。

3.2.7.5 持线路或电缆工作票进入变电站或发电厂升压站进行架空线路、电缆等工作，应增填工作票份数，工作负责人应将其中一份工作票交变电站或发电厂工作许可人许可工作。

上述单位的工作票签发人和工作负责人名单应事先送有关运行单位备案。

3.2.7.6 需要变更工作班成员时，须经工作负责人同意，在对新工作人员进行安全交底手续后方可进行工作。非特殊情况不得变更工作负责人，如确需变更工作负责人应由工作票签发人同意并通知工作许可人，工作许可人将变动情况记录在工作票上。工作负责人允许变更一次。原、现工作负责人应对工作任务和安全措施进行交接。

3.2.7.7 在原工作票的停电范围内增加工作任务时，应由工作负责人征得工作票签发人和工作许可人同意，并在工作票上增填工作项目。若需变更或增设安全措施者应填用新的工作票，并重新履行工作许可手续。

3.2.7.8 变更工作负责人或增加工作任务，如工作票签发人无法当面办理，应通过电话联系，并在工作票登记簿和工作票上注明。

3.2.7.9 一种工作票应在工作前一日预先送达运行人员，可直接送达或通过传真、局域网传送,但传真的工作票许可应待正式工作票到达后履行。临时工作可在工作开始前直接交给工作许可人。

第二种工作票和带电作业工作票可在进行工作的当天预先交给工作许可人。

3.2.7.10　工作票有破损不能继续使用时,应补填新的工作票。

3.2.8　工作票的有效期与延期:

3.2.8.1　第一、二种工作票和带电作业工作票的有效时间,以批准的检修期为限。

3.2.8.2　第一、二种工作票需办理延期手续,应在工期尚未结束以前由工作负责人向运行值班负责人提出申请(属于调度管辖、许可的检修设备,还应通过值班调度员批准),由运行值班负责人通知工作许可人给予办理。第一、二种工作票只能延期一次。

3.2.9　工作票所列人员的基本条件:

工作票的签发人应是熟悉人员技术水平、熟悉设备情况、熟悉本规程,并具有相关工作经验的生产领导人、技术人员或经本单位主管生产领导批准的人员。工作票签发人员名单应书面公布。

工作负责人应是具有相关工作经验,熟悉设备情况、熟悉工作班人员工作能力和本规程,经工区(所、公司)生产领导书面批准的人员。

工作许可人应是经工区(所、公司)生产领导书面批准的有一定工作经验的运行人员或经批准的检修单位的操作人员(进行该工作任务操作及做安全措施的人员);用户变、配电站的工作许可人应是持有效证书的高压电工。

专责监护人应是具有相关工作经验、熟悉设备情况和本规程的人员。

3.2.10　工作票所列人员的安全责任:

3.2.10.1　工作票签发人:

①工作必要性和安全性;

②工作票上所填安全措施是否正确完备;

③所派工作负责人和工作班人员是否适当和充足。

3.2.10.2　工作负责人(监护人):

①正确安全地组织工作。

②负责检查工作票所列安全措施是否正确完备和工作许可人所做的安全措施是否符合现场实际条件,必要时予以补充。

必要时予以补充是指工作负责人根据现场条件与工作任务的需要,在现场征得工作许可人的确认后,采取的补充安全措施。

③工作前对工作班成员进行危险点告知,交代安全措施和技术措施,并确认每一个工作班成员都已知晓。

④严格执行工作票所列安全措施。

⑤督促、监护工作班成员遵守本规程,正确使用劳动防护用品和执行现场安全措施。

⑥工作班成员精神状态是否良好,变动是否合适。

3.2.10.3　工作许可人:

①负责审查工作票所列安全措施是否正确完备,是否符合现场条件;

②工作现场布置的安全措施是否完善,必要时予以补充;

③负责检查检修设备有无突然来电的危险;

④对工作票所列内容即使产生很小疑问,也应向工作票签发人询问清楚,必要时应要求作详细补充。

3.2.10.4 专责监护人:

①明确被监护人员和监护范围;

②工作前对被监护人员交代安全措施,告知危险点和安全注意事项;

③监督被监护人员遵守本规程和现场安全措施,及时纠正不安全行为。

3.2.10.5 工作班成员:

①明确工作内容、工作流程、安全措施、工作中的危险点,并履行确认手续;

②严格遵守安全规章制度、技术规程和劳动纪律,正确使用安全工器具和劳动防护用品;

③相互关心工作安全,并监督本规程的执行和现场安全措施的实施。

3.3 工作许可制度

3.3.1 工作许可人在完成施工现场的安全措施后,还应完成以下手续,工作班方可开始工作:

3.3.1.1 会同工作负责人到现场再次检查所做的安全措施,对具体的设备指明实际的隔离措施,证明检修设备确无电压。

3.3.1.2 对工作负责人指明带电设备的位置和工作过程中的注意事项。

3.3.1.3 和工作负责人在工作票上分别确认、签名。

3.3.2 运行人员不得变更有关检修设备的运行接线方式。工作负责人、工作许可人任何一方不得擅自变更安全措施,工作中如有特殊情况需要变更时,应先取得对方的同意。变更情况及时记录在值班日志内。

3.4 工作监护制度

3.4.1 工作票许可手续完成后,工作负责人、专责监护人应向工作班成员交代工作内容、人员分工、带电部位和现场安全措施,进行危险点告知,并履行确认手续,工作班方可开始工作。工作负责人、专责监护人应始终在工作现场,对工作班人员的安全认真监护,及时纠正不安全的行为。

3.4.2 所有工作人员(包括工作负责人)不许单独进入、滞留在高压室内和室外高压设备区内。

若工作需要(如测量极性、回路导通试验等),而且现场设备允许时,可以准许工作班中有实际经验的一个人或几人同时在它室进行工作,但工作负责人应在事前将有关安全注意事项予以详尽的告知。

3.4.3 工作负责人在全部停电时,可以参加工作班工作。在部分停电时,只有在安全措施可靠,人员集中在一个工作地点,不致误碰有电部分的情况下,方能参加工作。

工作票签发人或工作负责人,应根据现场的安全条件、施工范围、工作需要等具体情况,增设专责监护人和确定被监护的人员。

专责监护人不得兼做其他工作。专责监护人临时离开时,应通知被监护人员停止工作或离开工作现场,待专责监护人回来后方可恢复工作。

3.4.4　工作期间,工作负责人若因故暂时离开工作现场时,应指定能胜任的人员临时代替,离开前应将工作现场交代清楚,并告知工作班成员。原工作负责人返回工作现场时,也应履行同样的交接手续。

若工作负责人必须长时间离开工作的现场时,应由原工作票签发人变更工作负责人,履行变更手续,并告知全体工作人员及工作许可人。原、现工作负责人应做好必要的交接。

3.5　工作间断、转移和终结制度

3.5.1　工作间断时,工作班人员应从工作现场撤出,所有安全措施保持不动,工作票仍由工作负责人执存,间断后继续工作,无须通过工作许可人。每日收工,应清扫工作地点,开放已封闭的通路,并将工作票交回运行人员。次日复工时,应得到工作许可人的许可,取回工作票,工作负责人应重新认其检查安全措施是否符合工作票的要求,并召开现场站班会后,方可工作。若无工作负责人或专责监护人带领,工作人员不得进入工作地点。

3.5.2　在未办理工作票终结手续以前,任何人员不准将停电设备合闸送电。

在工作间断期间,若有紧急需要,运行人员可在工作票未交回的情况下合闸送电,但应先通知工作负责人,在得到工作班全体人员已经离开工作地点、可送电的答复后方可执行,并应采取下列措施:

①拆除临时遮拦、接地线和标示牌,恢复常设遮拦,换挂"止步,高压危险!"的标示牌;

②应在所有道路派专人守候,以便告诉工作班人员"设备已经合闸送电,不得继续工作",守候人员在工作票未交回以前,不得离开守候地点。

3.5.3　检修工作结束以前,若需将设备试加工作电压,应按下列条件进行:

①全体工作人员撤离工作地点;

②将该系统的所有工作票收回,拆除临时遮拦、接地线和标示牌,恢复常设遮拦;

③应在工作负责人和运行人员进行全面检查无误后,由运行人员进行加压试验。

工作班若需继续工作时,应重新履行工作许可手续。

3.5.4　在同一电气连接部分用同一工作票依次在几个工作地点转移工作时,全部安全措施由运行人员在开工前一次做完,不需再办理转移手续。但工作负责人在转移工作地点时,应向工作人员交代带电范围、安全措施和注意事项。

3.5.5　全部工作完毕后,工作班应清扫、整理现场。工作负责人应先周密地检查,待全体工作人员撤离工作地点后,再向运行人员交代所修项目、发现的问题、试验结果和存在问题等,并与运行人员共同检查设备状况、状态,有无遗留物件,是否清洁等,然后在工作票上填明工作结束时间。经双方签名后,表示工作终结。

待工作票上的临时遮拦已拆除,标示牌已取下,已恢复常设遮拦,未拉开的接地线、接地刀闸已汇报调度,工作票方告终结。

3.5.6　只有在同一停电系统的所有工作票都已终结,并得到值班调度员或运行值班负责人的许可指令后,方可合闸送电。

3.5.7　已终结的工作票、事故应急抢修单应保存一年。

4 保证安全的技术措施

4.1 电气设备上安全工作的技术措施

4.1.1 停电；

4.1.2 验电；

4.1.3 接地；

4.1.4 悬挂标示牌和装设遮拦(围栏)。

上述措施由运行人员或有权执行操作的人员执行。

4.2 停电

4.2.1 工作地点,应停电的设备如下:

4.2.1.1 检修的设备；

4.2.1.2 与工作人员在进行工作中正常活动范围的距离小于附表3.3规定的设备；

附表3.3 工作人员工作中正常活动范围与带电设备的安全距离

电压等级/kV	10 及以下 (13.8)	20、35	66、110	220	330	500
安全距离/m	0.35	0.60	1.50	3.00	4.00	5.00

注:附表3.3中未列电压按高一档电压等级的安全距离。

4.2.1.3 在35 kV及以下的设备处工作,安全距离虽大于附表3.3的规定,但小于附表3.1的规定,同时又无绝缘挡板、安全遮拦措施的设备；

4.2.1.4 带电部分在工作人员后面、两侧、上下,且无可靠安全措施的设备；

4.2.1.5 其他需要停电的设备。

4.2.2 检修设备停电,应把各方面的电源完全断开(任何运用中的星形接线设备的中性点,应视为带电设备)。禁止在只经断路器(开关)断开电源的设备上工作。应拉开隔离开关(刀闸),手车开关应拉至试验或检修位置,应使各方面有一个明显的断开点(对于有些设备无法观察到明显断开点的除外)。与停电设备有关的变压器和电压互感器,应将设备各侧断开,防止向停电检修设备反送电。

4.2.3 检修设备和可能来电侧的断路器(开关)、隔离开关(刀闸)应断开控制电源和合闸电源,隔离开关(刀闸)操作把手应锁住,确保不会误送电。

4.2.4 对难以做到与电源完全断开的检修设备,可拆除设备与电源之间的电气连接。

4.3 验电

4.3.1 验电时,应使用相应电压等级而且合格的接触式验电器,在装设接地线或合接地刀闸处对各相分别验电。验电前,应先在有电设备上进行试验,确证验电器良好;无法在有电设备上进行试验时可用高压发生器等确证验电器良好。如果在木杆、木梯或木架上验电,不接地线不能指示者,可在验电器绝缘杆尾部接上接地线,但应经运行值班负责人或工作负责人许可。

4.3.2 高压验电应戴绝缘手套。验电器的伸缩式绝缘棒长度应拉足,验电时手应握在手柄处不得超过护坏,人体应与验电设备保持安全距离。雨雪天气时不得进行室外直接验电。

4.3.3 对无法进行直接验电的设备,可以进行间接验电。即检查隔离开关(刀闸)的机械指示位置、电气指示、仪表及带电显示装置指示的变化,且至少应有两个及以上指示已同时发生对应变化;若进行遥控操作,则应同时检查隔离开关(刀闸)的状态指示、遥测、遥信信号及带电显示装置的指示进行间接验电。

330 kV 及以上的电气设备,可采用间接验电方法进行验电。

4.3.4 表示设备断开和允许进入间隔的信号、经常接入的电压表等,如果指示有电,则禁止在设备上工作。

4.4 接地

4.4.1 装设接地线应由两人进行(经批准可以单人装设接地线的项目及运行人员除外)。

4.4.2 当验明设备确认无电压后,应立即将检修设备接地并三相短路。电缆及电容器接地前应逐相充分放电,星形接线电容器的中性点应接地,串联电容器及与整组电容器脱离的电容器应逐个放电,装在绝缘支架上的电容器外壳也应放电。

4.4.3 对于可能送电至停电设备的各方面都应装设接地线或合上接地刀闸,所装接地线与带电部分应考虑接地线摆动时仍符合安全距离的规定。

4.4.4 对于因平行或邻近带电设备导致检修设备可能产生感应电压时,应加装接地线或工作人员使用个人保安线,加装的接地线应登录在工作票上,个人保安接地线由工作人员自装自拆。

4.4.5 在门型构架的线路侧进行停电检修,如工作地点与所装接地线的距离小于 10 m,工作地点虽在接地线外侧,也可不另装接地线。

4.4.6 检修部分若分为几个在电气上不相连接的部分[如分段母线以隔离开关(刀闸)或断路器(开关)隔开分成几段],则各段应分别验电接地短路。降压变电站全部停电时,应将各个可能来电侧的部分接地短路,其余部分不必每段都装设接地线或合上接地刀闸。

4.4.7 接地线、接地刀闸与检修设备之间不得连有断路器(开关)或熔断器。若由于设备原因,接地刀闸与检修设备之间连有断路器(开关),在接地刀闸和断路器(开关)合闸后,应有保证断路器(开关)不会分闸的措施。

4.4.8 在配电装置上,接地线应装在该装置导电部分的规定地点,这些地点的油漆应刮去,并划有黑色标记。所有配电装置的适当地点,均应设有与接地网相连的接地端,接地电阻应合格。接地线应采用三相短路式接地线,若使用分相式接地线时,应设置三相合一的接地端。

4.4.9 装设接地线应先接接地端,后接导体端,接地线应接触良好,连接应可靠。拆接地线的顺序与此相反。装、拆接地线均应使用绝缘棒和戴绝缘手套。人体不得碰触接地线或未接地的导线,以防止感应电触电。

4.4.10 成套接地线应用有透明护套的多股软铜线组成,其截面不得小于25 m²,同时应满足装设地点短路电流的要求。

禁止使用其他导线作接地线或短路线。

接地线应使用专用的线夹固定在导体上,严禁用缠绕的方法进行接地或短路。

4.4.11 严禁工作人员擅自移动或拆除接地线。高压回路上的工作,需要拆除全部或一部分接地线后始能进行工作者[如测量母线和电缆的绝缘电阻,测量线路参数,检查断路器(开关)触头是否同时接触],如:

①拆除一相接地线;

②拆除接地线,保留短路线;

③将接地线全部拆除或拉开接地刀闸。

上述工作应征得运行人员的许可(根据调度员指令装设的接地线,应征得调度员的许可),方可进行。工作完毕后立即恢复。

4.4.12 每组接地线均应编号,并存放在固定地点。存放位置亦应编号,接地线号码与存放位置号码应一致。

4.4.13 装、拆接地线,应做好记录,交接班时应交代清楚。

4.5 悬挂标示牌和装设遮拦(围栏)

4.5.1 在一经合闸即可送电到工作地点的断路器(开关)和隔离开关(刀闸)的操作把手上,均应悬挂"禁止合闸,有人工作!"的标示牌。

如果线路上有人工作,应在线路断路器(开关)和隔离开关(刀闸)操作把手上悬挂"禁止合闸,线路有人工作!"的标示牌。

对由于设备原因,接地刀闸与检修设备之间连有断路器(开关),在接地刀闸和断路器(开关)合上后,在断路器(开关)操作把手上,应悬挂"禁止分闸!"的标示牌。

在显示屏上进行操作的断路器(开关)和隔离开关(刀闸)的操作处均应相应设置"禁止合闸有人工作!"或"禁止合闸,线路有人工作!"以及"禁止分闸!"的标示。

4.5.2 部分停电的工作,安全距离小于附表3.1规定距离以内的未停电设备,应装设临时遮拦,临时遮拦与带电部分的距离,不得小于附表3.3的规定数值,临时遮拦可用干燥木材、橡胶或其他坚韧绝缘材料制成,装设应牢固,并悬挂"止步,高压危险!"的标示牌。

35 kV及以下设备的临时遮拦,如因工作特殊需要,可用绝缘挡板与带电部分直接接触。但此种挡板应具有高度的绝缘性能。

4.5.3 在室内高压设备上工作,应在工作地点两旁及对面运行设备间隔的遮拦(围栏)上和禁止通行的过道遮拦(围栏)上悬挂"止步,高压危险!"的标示牌。

4.5.4 高压开关柜内手车开关拉出后,隔离带电部位的挡板封闭后禁止开启,并设置"止步,高压危险!"的标示牌。

4.5.5 在室外高压设备上工作,应在工作地点四周装设围栏,其出入口要围至临近道路旁边,并设有"从此进出!"的标示牌。工作地点四周围栏上悬挂适当数量的"止步,高压危险!"标示牌,标示牌应朝向围栏里面。若室外配电装置的大部分设备停电,只有个别地点保留有带电设备而其他设备无触及带电导体的可能时,可以在带电设备四周装设全封闭围栏,围栏上悬挂适当数量的"止步,高压危险!"标示牌,标示牌应朝向围栏外面。严禁越过围栏。

4.5.6　在工作地点设置"在此工作!"的标示牌。

4.5.7　在室外构架上工作,则应在工作地点邻近带电部分的横梁上,悬挂"止步,高压危险!"的标示牌。在工作人员上下铁架或梯子上,应悬挂"从此上下!"的标示牌。在邻近其他可能误登的带电架构上,应悬挂"禁止攀登,高压危险!"的标示牌。

4.5.8　严禁工作人员擅自移动或拆除遮拦(围栏)、标示牌。

5　线路作业时变电站和发电厂的措施

5.1　线路的停、送电均应按照值班调度员或线路工作许可人的指令执行。严禁约时停、送电。停电时,应先将该线路可能来电的所有断路器(开关)、线路隔离开关(刀闸)、母线隔离开关(刀闸)全部拉开,手车开关应拉至试验或检修位置,验明确无电压后,在线路上所有可能来电的各端装设接地线或合上接地刀闸。在线路断路器(开关)和隔离开关(刀闸)操作把手上均应悬挂"禁止合闸,线路有人工作!"的标示牌,在显示屏上断路器(开关)和隔离开关(刀闸)的操作处均应设置"禁止合闸,线路有人工作!"的标示。

5.2　值班调度员或线路工作许可人应将线路停电检修的工作班组数目、工作负责人姓名、工作地点和工作任务记入记录簿。

工作结束时,应得到工作负责人(包括用户)的工作结束报告,确认所有工作班组均已竣工,接地线已拆除,工作人员已全部撤离线路,并与记录簿核对无误后,方可下令拆除变电站或发电厂内的安全措施,向线路送电。

5.3　当用户管辖的线路要求停电时应得到用户停送电联系人的书面申请,经批准后方可停电,并做好安全措施。恢复送电,应接到原申请人的工作结束报告做好录音并记录后方可进行。用户停送电联系人的名单应在调度和有关部门备案。

6　带电作业

6.1　一般规定

6.1.1　本章的规定适用于在海拔1 000 mm及以下交流10～500 kV的高压架空电力线路、变电站(发电厂)电气设备上,采用等电位、中间电位和地电位方式进行的带电作业,以及低压带电作业。

在海拔1 000 m以上带电作业时,应根据作业区不同海拔高度,修正各类空气与固体绝缘的安全距离和长度、绝缘子片数等,编制带电作业现场安全规程,经本单位主管生产领导(总工程师)批准后执行。

6.1.2　带电作业应在良好天气下进行。如遇雷电(听见雷声、看见闪电)、雪雹、雨雾不得进行带电作业,风力大于5级时,一般不宜进行带电作业。

在特殊情况下,必须在恶劣天气进行带电抢修时,应组织有关人员充分讨论并编制必要的安全措施,经本单位主管生产领导(总工程师)批准后方可进行。

6.1.3　对于比较复杂、难度较大的带电作业新项目和研制的新工具,应进行科学试验,确认安全可靠,编制操作工艺方案和安全措施,并经本单位主管生产领导(总工程师)批准后,方可进行和使用。

6.1.4 参加带电作业的人员,应经专门培训,并经考试合格,企业书面批准后,方能参加相应的作业。带电作业工作票签发人和工作负责人、专责监护人应由具有带电作业实践经验的人员担任。

6.1.5 带电作业应设专责监护人,监护人不得直接操作。监护的范围不得超过一个作业点。复杂或高杆塔作业必要时应增设(塔上)监护人。

6.1.6 带电作业工作票签发人或工作负责人认为有必要时,应组织有经验的人员到现场查勘,根据查勘结果作出能否进行带电作业的判断,并确定作业方法和所需工具以及应采取的措施。

6.1.7 带电作业有下列情况之一者应停用重合闸,并不得强送电:

6.1.7.1 中性点有效接地的系统中有可能引起单相接地的作业。

6.1.7.2 中性点非有效接地的系统中有可能引起相间短路的作业。

6.1.7.3 工作票签发人或工作负责人认为需要停用重合闸的作业。

6.1.8 带电作业工作负责人在带电作业工作开始前,应与值班调度员联系。需要停用重合闸的作业和带电断、接引线应由值班调度员履行许可手续。带电工作结束后应及时向值班调度员汇报。

6.1.9 在带电作业过程中如设备突然停电,作业人员应视设备仍然带电。工作负责人应尽快与调度联系,值班调度员未与工作负责人取得联系前不得强送电。

6.2 一般安全技术措施

6.2.1 进行地电位带电作业时,人身与带电体间的安全距离不得小于附表 3.4 的规定。35 kV 及以下的带电设备,不能满足附表 3.4 规定的最小安全距离时,应采取可靠的绝缘隔离措施。

附表 3.4 作业时人身与带电体的安全距离

电压等级/kV	10	35	66	110	220	330	500
距离/m	0.4	0.6	0.7	1.0	1.8 (1.6)*	2.2	3.4 (3.2)**

注:* 因受设备限制达不到 1.8 m 时,经单位主管生产领导(总工程师)批准,并采取必要的措施后,可采用括号内(1.6 m)的数值。

** 海拔 500 m 以下,500 kV 取 3.2 m 值,但不适用于 500 kV 紧凑型线路。海拔在 500～1 000 m 时,500 kV 取 3.4 m 值。

*** 220 kV 带电作业安全距离因受设备限制达不到 1.8 m 时,经本单位主管生产领导(总工程师)批准,并采取必要的措施后,可采用括号内(1.6 m)的数值。

6.2.2 绝缘操作杆、绝缘承力工具和绝缘绳索的有效绝缘长度不得小于附表 3.5 的规定。

附表 3.5　绝缘工具最小有效绝缘长度

电压等级 /kV	有效绝缘长度/m	
	绝缘操作杆	绝缘承力工具、绝缘绳索
10	0.7	0.4
35	0.9	0.6
66	1.0	0.7
110	1.3	1.0
220	2.1	1.8
330	3.1	2.8
500	4.0	3.7

6.2.3　带电作业不得使用非绝缘绳索(如棉纱绳、白棕绳、钢丝绳)。

6.2.4　带电更换绝缘子或在绝缘子串上作业,应保证作业中良好绝缘子片数不得少于附表 3.6 的规定。

附表 3.6　带电作业中良好绝缘子最少片数

电压等级/kV	35	66	110	220	330	500
片　数	2	3	5	9	16	23

6.2.5　更换直线绝缘子串或移动导线的作业,当采用单吊线装置时,应采取防止导线脱落时的后备保护措施。

6.2.6　在绝缘子串未脱离导线前,拆、装靠近横担的第一片绝缘子时,应采用专用短接线或穿屏蔽服方可直接进行操作。

6.2.7　在市区或人口稠密的地区进行带电作业时,工作现场应设置围栏,派专人监护,严禁非工作人员入内。

6.2.8　非特殊需要,不应在跨越处下方或邻近有电力线路或其他弱电线路的围栏内进行带电架、拆线的工作。如需进行,则应制定可靠的安全技术措施,经本单位生产领导(总工程师)批准后,方可进行。

6.3　等电位作业

6.3.1　等电位作业一般在 66 kV 及以上电压等级的电力线路和电气设备上进行。若需在 35 kV 电压等级进行等电位作业时,应采取可靠的绝缘隔离措施。10 kV 及以下电压等级的电力线路和电气设备上不得进行等电位作业。

6.3.2　等电位作业人员应在衣服外面穿合格的全套屏蔽服(包括帽、衣裤、手套、袜和鞋),且各部分应连接良好。屏蔽服内还应穿着阻燃内衣。

严禁通过屏蔽服断、接接地电流、空载线路和耦合电容器的电容电流。

6.3.3　等电位作业人员对地距离应不小于附表 3.4 的规定,对相邻导线的距离应不小于附表 3.7 的规定。

附表 3.7　等电位作业人员对邻相导线的最小距离

电压等级/kV	35	66	110	220	330	500
距离/m	0.8	0.9	1.4	2.5	3.5	5.0

6.3.4　等电位作业人员在绝缘梯上作业或者沿绝缘梯进入强电场时,其与接地体和带电体两部分间隙所组成的组合间隙不得小于附表 3.8 的规定。

附表 3.8　等电位作业中的最小组合间隙

电压等级/kV	35	66	110	220	330	500
距离/m	0.7	0.8	12	2.1	3.1	4.0

6.3.5　等电位作业人员沿绝缘子串进入强电场的作业,一般在 220 kV 及以上电压等级的绝缘子串上进行。其组合间隙不得小于附表 3.8 的规定。若不满足附表 3.8 的规定,应加装保护间隙。扣除人体短接的和零值的绝缘子片数后,良好绝缘子片数不得小于附表 3.6 的规定。

6.3.6　等电位作业人员在电位转移前,应得到工作负责人的许可。转移电位时,人体裸露部分与带电体的距离不应小于附表 3.9 的规定。

附表 3.9　等电位作业转移电位时人体
裸露部分与带电体的最小距离

电压等级/kV	35,66	110,220	330,500
距离/m	0.2	0.3	0.4

6.3.7　等电位作业人员与地电位作业人员传递工具和材料时,应使用绝缘工具或绝缘绳索进行,其有效长度不得小于附表 3.5 的规定。

6.3.8　沿导、地线上悬挂的软、硬梯或飞车进入强电场的作业应遵守下列规定:

6.3.8.1　在连续挡距的导、地线上挂梯(或飞车)时,其导、地线的截面不得小于:钢芯铝绞线和铝合金绞线 120 mm²;钢绞线 50 mm²(等同 OPGW 光缆和配套的 LGJ-70/40 导线)。

6.3.8.2　有下列情况之一者,应经验算合格,并经本单位主管生产领导(总工程师)批准后才能进行:

①在孤立挡的导、地线上的作业;

②在有断股的导、地线和锈蚀的地线上的作业;

③在 6.3.8.1 条以外的其他型号导、地线上的作业;

④两人以上在同挡同一根导、地线上的作业。

6.3.8.3　在导、地线上悬挂梯子、飞车进行等电位作业前,应检查本挡两端杆塔处导、地线的紧固情况。挂梯载荷后,应保持地线及人体对下方带电导线的安全间距比附表 3.4 中的数值增大 0.5 m;带电导线及人体对被跨越的电力线路、通信线路和其他建筑物的安全距离应比附表 3.4 中的数值增大 1 m。

6.3.8.4　在瓷横担线路上严禁挂梯作业,在转动横担的线路上挂梯前应将横担固定。

6.3.9　等电位作业人员在作业中严禁用酒精、汽油等易燃品擦拭带电体及绝缘部分,防止起火。

6.4　带电断、接引线

6.4.1　带电断、接空载线路应遵守下列规定:

6.4.1.1　带电断、接空载线路时,应确认线路的另一端断路器(开关)和隔离开关(刀闸)确已断开,接入线路侧的变压器、电压互感器确已退出运行后,方可进行。严禁带负荷断、接引线。

6.4.1.2　带电断、接空载线路时,作业人员应戴护目镜,并应采取消弧措施。消弧工具的断流能力应与被断、接的空载线路电压等级及电容电流相适应。如使用消弧绳,则其断、接的空载线路的长度不应大于附表3.10的规定,且作业人员与断开点应保持4 m以上的距离。

附表3.10　使用消弧绳断、接空载线路的最大长度

电压等级/kV	10	35	66	110	220
长度/m	50	30	20	10	3

注:线路长度包括分支在内,但不包括电缆线路。

6.4.1.3　在查明线路确无接地、绝缘良好、线路上无人工作且相位确定无误后,才可进行带电断、接引线。

6.4.1.4　带电接引线时未接通相的导线及带电断引线时,已断开相的导线将因感应而带电。为防止电击,应采取措施后人员才能触及。

6.4.1.5　严禁同时接触未接通的或已断开的导线两个断头,以防人体串入电路。

6.4.2　严禁用断、接空载线路的方法使两电源解列或并列。

6.4.3　带电断、接耦合电容器时,应将其信号、接地刀闸合上并应停用高频保护。被断开的电容器应立即对地放电。

6.4.4　带电断、接空载线路、耦合电容器、避雷器、阻波器等设备引线时,应采取防止引流线摆动的措施。

6.5　带电短接设备

6.5.1　用分流线短接断路器(开关)、隔离开关(刀闸)、跌落式熔断器(保险)等载流设备,应遵守下列规定:

6.5.1.1　短接前一定要核对相位。

6.5.1.2　组装分流线的导线处应清除氧化层,且线夹接触应牢固可靠。

6.5.1.3　35 kV及以下设备使用的绝缘分流线的绝缘水平应符合规定。

6.5.1.4　断路器(开关)应处于合闸位置,并取下跳闸回路熔断器(保险),锁死跳闸机构后,方可短接。

6.5.1.5　分流线应支撑好,以防摆动造成接地或短路。

6.5.2　阻波器被短接前,严防等电位作业人员人体短接阻波器。

6.5.3　短接开关设备或阻波器的分流线截面和两端线夹的载流容量,应满足最大负荷

电流的要求。

6.6 带电水冲洗

6.6.1 带电水冲洗一般应在良好天气时进行。风力大于 4 级,气温低于 –3 ℃,或雨天、雪天、沙尘暴、雾天及雷电天气时不宜进行。冲洗时,操作人员应戴绝缘手套、穿绝缘靴。

6.6.2 带电水冲洗作业前应掌握绝缘子的脏污情况,当盐密值大于附表 3.11 最大临界盐密值的规定,一般不宜进行水冲洗,否则,应增大水电阻率来补救。避雷器及密封不良的设备不宜进行带电水冲洗。

附表 3.11 带电水冲洗临界盐密值[①](仅适用于 220 kV 及以下)

爬电比距[②]/ (mm·kV^{-1})	发电厂及变电站支柱绝缘子或密闭瓷套管							
	14.8~16(普通型)				20~31(防污型)			
临界盐密值 /(mg·cm^{-2})	0.02	0.04	0.08	0.12	0.08	0.12	0.16	0.2
水电阻率 /(Ω·cm^{-1})	1 500	3 000	1 000	50 000 及以上	1 500	3 000	10 000	50 000 及以上
临界盐密值 /(mg·cm^{-2})	0.05	0.07	0.12	0.15	0.12	0.15	0.2	0.22
水电阻率 /(Ω·cm^{-1})	1 500	3 000	1 000	50 000 及以上	1 500	3 000	10 000	50 000 及以上

注:①330 kV 及以上等级的临界盐密值尚不成熟,暂不列入。

②爬电比距值电力设备外绝缘的爬电距离与设备最高工作电压之比。

6.6.3 带电水冲洗用水的电阻率一般不低于 1 500 Ω·cm,冲洗 220 kV 变电设备水电阻率不低于 3 000 Ω·cm,并应符合附表 3.11 的要求。每次冲洗前,都应用合格的水阻表测量水电阻率,应从水枪出口处取水样进行测量。如用水车等容器盛水,每车水都应测量水电阻率。

6.6.4 以水柱为主绝缘的大、中型水冲(喷嘴直径为 4~8 mm 者称中水冲;直径为 9 mm 及以上者称大水冲),其水枪喷嘴与带电体之间的水柱长度不得小于附表 3.12 的规定。大、中型水枪喷嘴均应可靠接地。

附表 3.12 喷嘴与带电体之间的水柱长度 单位:m

喷嘴直径/m		4~8	9~12	13~18
电压等级/kV	66 及以下	2	4	6
	110	3	5	7
	220	4	6	8

6.6.5 带电冲洗前应注意调整好水泵压强,使水柱射程远且水流密集。当水压不足时,不得将水枪对准被冲洗的带电设备。冲洗用水泵应良好接地。

6.6.6 带电水冲洗应注意选择合适的冲洗方法。直径较大的绝缘子宜采用双枪跟踪法或其他方法并应防止被冲洗设备表面出现污水线。当被冲绝缘子未冲洗干净时,严禁中断冲洗,以免造成闪络。

6.6.7 带电水冲洗前要确知设备绝缘是否良好。有零值及低值的绝缘子及瓷质有裂纹时,一般不可冲洗。

6.6.8 冲洗悬垂、耐张绝缘子串、瓷横担时,应从导线侧向横担侧依次冲洗。冲洗支柱绝缘子及绝缘瓷套时,应从下上冲洗。

6.6.9 冲洗绝缘子时,应注意风向,应先冲下风侧,后冲上风侧;对于上、下层布置的绝缘子应先冲下层,后冲上层。还要注意冲洗角度,严防临近绝缘子在溅射的水雾中发生闪络。

6.7 带电清扫机械作业

6.7.1 进行带电清扫工作时,绝缘操作杆的有效长度不得小于附表3.5的规定。

6.7.2 在使用带电清扫机械进行清扫前,应确认:清扫机械工况(电机及控制部分、软轴及传动部分等)完好,绝缘部件无变形、脏污和损伤,毛刷转向正确,清扫机械已可靠接地。

6.7.3 带电清扫作业人员应站在上风侧位置作业,应戴口罩、护目镜。

6.7.4 作业时,作业人的双手应始终握持绝缘杆保护环以下部位,并保持带电清扫有关绝缘部件的清洁和干燥。

6.8 感应电压防护

6.8.1 在330 kV及以上电压等级的线路杆塔上及变电站构架上作业,应采取防静电感应措施,例如,穿静电感应防护服、导电鞋等(220 kV线路杆塔上作业时宜穿导电鞋)。

6.8.2 绝缘架空地线应视为带电体。在绝缘架空地线附近作业时,作业人员与绝缘架空地线之间的距离不应小于0.4 m。如需在绝缘架空地线上作业,应用接地线将其可靠接地或采用等电位方式进行。

6.8.3 用绝缘绳索传递大件金属物品(包括工具、材料等)时,杆塔或地面上作业人员应将金属物品接地后再接触,以防电击。

6.9 高架绝缘斗臂车作业

6.9.1 高架绝缘斗臂车应经检验合格。斗臂车操作人员应熟悉带电作业的有关规定,并经专门培训,考试合格、持证上岗。

6.9.2 高架绝缘斗臂车的工作位置应选择适当,支撑应稳固可靠,并有防倾覆措施。使用前应在预定位置空斗试操作一次,确认液压传动、回转、升降、伸缩系统工作正常、操作灵活,制动装置可靠。

6.9.3 绝缘斗中的作业人员应正确使用安全带和绝缘工具。

6.9.4 高架绝缘斗臂车操作人员应服从工作负责人的指挥,作业时应注意周围环境及操作速度。在工作过程中,高架绝缘斗臂车的发动机不应熄火。接近和离开带电部位时,应由斗臂中人员操作,但下部操作人员不得离开操作台。

6.9.5 绝缘臂的有效绝缘长度应大于附表3.13的规定,且应在下端装设泄漏电流监视装置。

附表 3.13　绝缘臂的最小有效绝缘长度

电压等级/kV	10	35、66	110	220
长度/m	1.0	1.5	2.0	3.0

6.9.6　绝缘臂下节的金属部分,在仰起回转过程中,对带电体的距离应按附表 3.4 的规定值增加 0.5 m。工作中车体应良好接地。

6.10　保护间隙

原规程共 3 条,未作修改,仍为 3 条。

6.10.1　保护间隙的接地线应用多股软铜线。其截面应满足接地短路容量的要求,但不得小于 25 m^2。

6.10.2　圆弧形保护间隙的距离应按附表 3.14 的规定进行整定。

附表 3.14　圆弧形保护间隙整定值

电压等级/kV	220	330
间隙距离/m	0.7 ~ 0.8	1.0 ~ 1.1

6.10.3　使用保护间隙时,应遵守下列规定:

6.10.3.1　悬挂保护间隙前,应与调度联系停用重合闸。

6.10.3.2　悬挂保护间隙应先将其与接地网可靠接地,再将保护间隙挂在导线上,并使其接触良好。拆除的程序与其相反。

6.10.3.3　保护间隙应挂在相邻杆塔的导线上,悬挂后,应派专人看守,在有人、畜通过的地区,还应增设围栏。

6.10.3.4　装、拆保护间隙的人员应穿全套屏蔽服。

6.11　带电检测绝缘子

6.11.1　使用火花间隙检测器检测绝缘子时,应遵守下列规定:

6.11.1.1　检测前应对检测器进行检测,保证操作灵活,测量准确。

6.11.1.2　针式及少于 3 片的悬式绝缘子不得使用火花间隙检测器进行检测。

6.11.1.3　检测 35 kV 及以上电压等级的绝缘子串时,当发现同一串中的零值绝缘子片数达到附表 3.15 的规定时,应立即停止检测。

附表 3.15　一串中允许零值绝缘子片数

电压等级/kV	35	66	110	220	330	500
绝缘子串片数	3	5	7	13	19	28
零值片数	1	2	3	5	4	6

如绝缘子串的片数超过附表 3.15 的规定时,零值绝缘子允许片数可相应增加。

6.11.1.4 应在干燥天气进行。

6.12 低压带电作业

6.12.1 低压带电作业应设专人监护。

6.12.2 使用有绝缘柄的工具,其外裸的导电部位应采取绝缘措施,防止操作时相间或相对地短路。工作时,应穿绝缘鞋和全棉长袖工作服,并戴手套、安全帽和护目镜,站在干燥的绝缘物上进行。严禁使用锉刀、金属尺和带有金属物的毛刷、毛掸等工具。

6.12.3 高低压同杆架设,在低压带电线路上工作时,应先检查与高压线的距离,采取防止误碰带电高压设备的措施。在低压带电导线未采取绝缘措施时,工作人员不得穿越。在带电的低压配电装置上工作时,应采取防止相间短路和单相接地的绝缘隔离措施。

6.12.4 上杆前,应先分清相、零线,选好工作位置。断开导线时,应先断开相线,后断开零线。搭接导线时,顺序应相反。人体不得同时接触两根线头。

6.13 带电作业工具的保管、使用和试验

6.13.1 带电作业工具的保管:

6.13.1.1 带电作业工具应存放于通风良好,清洁干燥的专用工具房内。工具房门窗应密闭严实,地面、墙面及顶面应采用不起尘、阻燃材料制作。室内的相对湿度应保持在 50% ~ 70%。室内温度应略高于室外,且不宜低于 0 ℃。

6.13.1.2 带电作业工具房进行室内通风时,应在干燥的天气进行,并且室外的相对湿度不得高于 75%。通风结束后,应立即检查室内的相对湿度,并加以调控。

6.13.1.3 带电作业工具房应配备:湿度计,温度计,抽湿机(数量以满足要求为准),辐射均匀的加热器,足够的工具摆放架、吊架和灭火器等。

6.13.1.4 带电作业工具应统一编号、专人保管、登记造册,并建立试验、检修、使用记录。

6.13.1.5 有缺陷的带电作业工具应及时修复,不合格的应及时报废,严禁继续使用。

6.13.1.6 高架绝缘斗臂车应存放在干燥通风的车库内,其绝缘部分应有防潮措施。

6.13.2 带电作业工具的使用:

6.13.2.1 带电作业工具应绝缘良好、连接牢固、转动灵活,并按厂家使用说明书、现场操作规程正确使用。

6.13.2.2 带电作业工具使用前应根据工作负荷校核满足规定安全系数。

6.13.2.3 带电作业工具在运输过程中,带电绝缘工具应装在专用工具袋、工具箱或专用工具车内,以防受潮和损伤。发现绝缘工具受潮或表面损伤、脏污时,应及时处理并经试验或检测合格后方可使用。

6.13.2.4 进入作业现场应将使用的带电作业工具放置在防潮的帆布或绝缘垫上,防止绝缘工具在使用中脏污和受潮。

6.13.2.5 带电作业工具使用前,仔细检查确认没有损坏、受潮、变形、失灵,否则禁止使用。并使用 2 500 V 及以上兆欧表或绝缘检测仪进行分段绝缘检测(电极宽 2 cm,极间宽 2 cm),阻值应不低于 700 MΩ。操作绝缘工具时应戴清洁、干燥的手套。

6.13.3 带电作业工具的试验:

6.13.3.1 带电作业工具应定期进行电气试验及机械试验,其试验周期为:

电气试验:预防性试验每年一次,检查性试验每年一次,两次试验间隔半年。

机械试验:绝缘工具每年一次金属工具两年一次。

6.13.3.2 绝缘工具电气预防性试验项目及标准见附表3.16。

附表3.16 绝缘工具的试验项目及标准

额定电压/kV	试验长度/m	1 min 工频耐压/kV		5 min 工频耐压/kV		15 次操作冲击耐压/kV	
		出厂及型式试验	预防性试验	出厂及型式试验	预防性试验	出厂及型式试验	预防性试验
10	0.4	100	45	—	—	—	—
35	0.6	150	95	—	—	—	—
66	0.7	175	175	—	—	—	—
110	1.0	250	220	—	—	—	—
220	1.8	450	440	—	—	—	—
330	2.8	—	—	420	380	900	80
500	3.7	—	—	640	580	1 175	1 050

操作冲击耐压试验宜采用250/2 500 m的标准波,以无一次击穿、闪络为合格。工频耐压试验以无击穿、无闪络及过热为合格。

高压电极应使用直径不小于30 m的金属管,被试品应垂直悬挂,接地极的对地距离为1.0～1.2 m。接地极及接高压的电极(无金具时)处,以50 m宽金属铂缠绕。试品间距不小于500 m,单导线两侧均压球直径不小于200 mm,均压球距试品不小于1.5 m。试品应整根进行试验,不得分段。

6.13.3.3 绝缘工具的检查性试验条件是:将绝缘工具分成若干段进行工频耐压试验,每300 m耐压75 kV,时间为1 min,以无击穿、闪络及过热为合格。

6.13.3.4 带电作业高架绝缘斗臂车电气试验标准见附录G。

6.13.3.5 组合绝缘的水冲洗工具应在工作状态下进行电气试验。除按附表3.16的项目和标准试验外(指220 kV及以下电压等级),还应增加工频泄漏试验,试验电压见附表3.17。泄漏电流以不超过1 mA为合格。试验时间5 min。

试验时的水电阻率为1 500 Ω·cm(适用于220 kV及以下的电压等级)。

附表3.17 组合绝缘的水冲洗工具工频泄漏试验电压值

额定电压/kV	10	35	66	110	220
试验电压/kV	15	46	80	110	220

6.13.3.6 屏蔽服衣裤任意两端点之间的电阻值均不得大于20 Ω。

6.13.3.7 带电作业工具的机械试验标准:

①在工作负荷状态承担各类线夹和连接金具荷重时,应按有关金具标准进行试验。

②在工作负荷状态承担其他静荷载时,应根据设计荷载,按 SD165《电力建设施工机具设计基本要求(输电线路施工机具篇)》的规定进行试验。

③在工作负荷状态承担人员操作荷载时:

静荷重试验:2.5 倍允许工作负荷下持续 5 min,工具无变形及损伤者为合格。

动荷重试验:1.5 倍允许工作负荷下实际操作 3 次,工具灵活、轻便、无卡住现象为合格。

7　发电机、同期调相机和高压电动机的检修、维护工作

7.1　检修发电机、同期调相机和高压电动机应填用变电站(发电厂)第一种工作票。

7.2　发电厂主要机组(锅炉、汽机、发电机、水轮机、水泵水轮机)停用检修,只需第一天办理开工手续,以后每天开工时,应由工作负责人检查现场,核对安全措施。检修期间工作票始终由工作负责人保存在工作地点。

在同一机组的几个电动机上依次工作时,可填用一张工作票。

7.3　检修发电机、同期调相机应做好下列安全措施:

7.3.1　断开发电机、励磁机(励磁变压器)、同期调相机的断路器(开关)和隔离开关(刀闸)。

7.3.2　待发电机和同期调相机完全停止后,在其操作把手、按钮和机组的启动装置、励磁装置、同期并车装置、盘车装置的操作把手上悬挂"禁止合闸有人工作!"的标示牌。

7.3.3　若本机尚可从其他电源获得励磁电流,则此项电源亦应断开,并悬挂"禁止合闸,有人工作!"的标示牌。

7.3.4　断开断路器(开关)、隔离开关(刀闸)的操作能源。如调相机有启动用的电动机,还应断开此电动机的断路器(开关)和隔离开关(刀闸),并悬挂"禁止合闸,有人工作!"的标示牌。

7.3.5　将电压互感器从高、低压两侧断开。

7.3.6　在发电机和断路器(开关)间或发电机定子三相出口处(引出线)验明无电压后,装设接地线。

7.3.7　检修机组中性点与其他发电机的中性点连在一起的,则在工作前应将检修发电机的中性点分开。

7.3.8　检修机组装有二氧化碳或蒸汽灭火装置的,则在风道内工作前,应采取防止灭火装置误动的必要措施。

7.3.9　检修机组装有可以堵塞机内空气流通的自动闸板风门的,应采取措施保证使风门不能关闭,以防窒息。

7.3.10　氢冷机组应采取关闭至氢气系统的相关阀门,加堵板等隔离措施。

7.4　转动着的发电机、同期调相机,即使未加励磁,亦应认为有电压。

禁止在转动着的发电机、同期调相机的回路上工作,或用手触摸高压绕组。必须不停机进行紧急修理时,应先将励磁回路切断,投入自动灭磁装置,然后将定子引出线与中性点短路接地,在拆装短路接地线时应戴绝缘手套、穿绝缘靴或站在绝缘垫上并戴防护眼镜。

7.5 测量轴电压和在转动着的发电机上用电压表测量转子绝缘的工作,应使用专用电刷,电刷上应装有 300 mm 以上的绝缘柄。

7.6 在转动着的电机上调整、清扫电刷及滑环时,应由有经验的电工担任,并遵守下列规定:

1)工作人员应特别小心,不使衣服及擦拭材料被机器挂住,扣紧袖口,发辫应放在帽内;

2)工作时站在绝缘垫上(该绝缘垫为常设固定型绝缘垫),不得同时接触两极或一极与接地部分,也不能两人同时进行工作。

7.7 检修高压电动机和启动装置时,应做好下列安全措施:

7.7.1 断开电源断路器(开关)、隔离开关(刀闸),经验明确无电压后装设接地线或在隔离开关(刀闸)间装绝缘隔板,手车开关应从成套配电装置内拉出并关门上锁;

7.7.2 在断路器(开关)、隔离开关(刀闸)操作把手上悬挂"禁止合闸,有人工作!"的标示牌;

7.7.3 拆开后的电缆头应三相短路接地;

7.7.4 做好防止被其带动的机械(如水泵、空气压缩机、引风机等)引起电动机转动的措施,并在阀门(风门)上悬挂"禁止合闸,有人工作!"的标示牌。

7.8 禁止在转动着的高压电动机及其附属装置回路上进行工作。必须在转动着的电动机转子电阻回路上进行工作时,应先提起碳刷或将电阻完全切除。工作时要戴绝缘手套或使用有绝缘把手的工具,穿绝缘靴或站在绝缘垫上。

7.9 电动机的引出线和电缆头以及外露的转动部分均应装设牢固的遮拦或护罩。

7.10 电动机及启动装置的外壳均应接地。禁止在转动中的电动机的接地线上进行工作。

7.11 工作尚未全部终结,而需送电试验电动机或启动装置时,应收回全部工作票并通知有关机械部分检修人员后,方可送电。

8 在六氟化硫电气设备上的工作

8.1 装有 SF_6 设备的配电装置室和 SF_6 气体实验室,应装设强力通风装置,风口应设置在室内底部,排风口不应朝向居民住宅或行人。

8.2 在室内,设备充装 SF_6 气体时,周围环境相对湿度应不大于 80%,同时应开启通风系统,并避免 SF_6 气体泄漏到工作区。工作区空气中 SF_6 气体含量不得超过 1 000 μL/L。

8.3 主控制室与 SF_6 配电装置室间要采取气密性隔离措施。SF_6 配电装置室与其下方电缆层、电缆隧道相通的孔洞都应封堵。SF_6 配电装置室及下方电缆层隧道的门上,应设置"注意通风"的标志。

8.4 SF_6 配电装置室、电缆层(隧道)的排风机电源开关应设置在门外。

8.5 在 SF_6 配电装置室低位区应安装能报警的氧量仪和 SF_6 气体泄漏报警仪,在工作人员入口处也要装设显示器。这些仪器应定期试验,保证完好。

8.6 工作人员进入 SF_6 配电装置室,入口处若无 SF_6 气体含量显示器,应先通风 15 min,并用检漏仪测量 SF_6 气体含量合格。尽量避免一人进入 SF_6 配电装置室进行巡视,不准一人进入从事检修工作。

8.7 工作人员不准在 SF_6 设备防爆膜附近停留。若在巡视中发现异常情况,应立即报告,查明原因,采取有效措施进行处理。

8.8 进入 SF_6 配电装置低位区或电缆沟进行工作,应先检测含氧量(不低于18%)和 SF_6 气体含量是否合格。

8.9 在打开的 SF_6 电气设备上工作的人员,应经专门的安全技术知识培训,配置和使用必要的安全防护用具。

8.10 设备解体检修前,应对 SF_6 气体进行检验。根据有毒气体的含量,采取安全防护措施。检修人员须穿着防护服并根据需要佩戴防毒面具。打开设备封盖后,现场所有人员应暂离现场30 min。取出吸附剂和清除粉尘时,检修人员应戴防毒面具和防护手套。

8.11 设备内的 SF_6 气体不得向大气排放,应采取净化装置回收,经处理合格后方准使用。回收时作业人员应站在上风侧。

设备抽真空后,用高纯度氮气冲洗3次[压力为 9.8×10^4 Pa(1个大气压)]。将清出的吸附剂、金属粉末等废物放入20%氢氧化钠水溶液中浸泡12 h后深埋。

8.12 从 SF_6 气体钢瓶引出气体时,应使用减压阀降压。当瓶内压力降至 9.8×10^4 Pa(1个大气压)时,即停止引出气体,并关紧气瓶阀门,盖上瓶帽。

8.13 SF_6 配电装置发生大量泄漏等紧急情况时,人员应迅速撤出现场,开启所有排风机进行排风。未佩戴隔离式防毒面具人员禁止入内。只有经过充分的自然排风或恢复排风后,人员才准进入。发生设备防爆膜破裂时,应停电处理,并用汽油或丙酮擦拭干净。

8.14 进行气体采样和处理一般渗漏时,要戴防毒面具并进行通风。

8.15 SF_6 断路器(开关)进行操作时,禁止检修人员在其外壳上进行工作。

8.16 检修结束后,检修人员应洗澡,把用过的工器具、防护用具清洗干净。

8.17 SF_6 气瓶应放置在阴凉干燥、通风良好、敞开的专门场所,直立保存,并应远离热源和油污的地方,防潮、防阳光暴晒,并不得有水分或油污粘在阀门上。搬运时,应轻装轻卸。

9 在停电的低压配电装置和低压导线上的工作

9.1 低压配电盘、配电箱和电源干线上的工作,应填用变电站(发电厂)第二种工作票。

在低压电动机和在照明回路上的工作可不填用工作票,应做好相应记录,该工作至少由两人进行。

9.2 低压回路停电的安全措施:

9.2.1 将检修设备的各方面电源断开取下熔断器,在开关(或刀闸)操作把手上挂"禁止合闸,有人工作!"的标示牌;

9.2.2 工作前应验电;

9.2.3 根据需要采取其他安全措施。

9.3 停电更换熔断器后,恢复操作时,应戴手套和护目眼镜。

10　二次系统上的工作

10.1　下列情况应填用变电站(发电厂)第一种工作票:

10.1.1　在高压室遮拦内或与导电部分小于附表3.1规定的安全距离进行继电保护、安全自动装置和仪表等及其二次回路的检查试验时,需将高压设备停电的;

10.1.2　在高压设备继电保护、安全自动装置和仪表、自动化监控系统等及其二次回路上工作需将高压设备停电或做安全措施者;

10.1.3　通信系统同继电保护、安全自动装置等复用通道(包括载波、微波、光纤通道等)的检修、联动试验需将高压设备停电或做安全措施者;

10.1.4　在经继电保护出口跳闸的发电机组热工保护、水车保护及其相关回路上工作需将高压设备停电或做安全措施者。

10.2　下列情况应填用变电站(发电厂)第二种工作票:

10.2.1　继电保护装置、安全自动装置、自动化监控系统在运行中改变装置原有定值时不影响一次设备正常运行的工作;

10.2.2　对于连接电流互感器或电压互感器二次绕组并装在屏柜上的继电保护、安全自动装置上的工作,可以不停用所保护的高压设备或不需做安全措施的;

10.2.3　在继电保护、安全自动装置、自动化监控系统等及其二次回路,以及在通信复用通道设备上检修及试验工作,可以不停用高压设备或不需做安全措施的;

10.2.4　在经继电保护出口的发电机组热工保护、水车保护及其相关回路上工作,可以不停用高压设备的或不需做安全措施的。

10.3　检修中遇有下列情况应填用二次工作安全措施票(见附录H):

10.3.1　在运行设备的二次回路上进行拆、接线工作;

10.3.2　在对检修设备执行隔离措施时,需拆断、短接和恢复同运行设备有联系的二次回路工作。

10.4　二次工作安全措施票执行:

10.4.1　二次工作安全措施票的工作内容及安全措施内容由工作负责人填写,由技术人员或班长审核并签发;

10.4.2　监护人由技术水平较高及有经验的人担任,执行人、恢复人由工作班成员担任,按二次工作安全措施票的顺序进行。上述工作至少由两人进行。

10.5　工作人员在现场工作过程中,凡遇到异常情况(如直流系统接地等)或断路器(开关)跳闸时,不论与本身工作是否有关,应立即停止工作,保持现状,待查明原因,确定与本工作无关时方可继续工作;若异常情况或断路器(开关)跳闸是本身工作所引起,应保留现场并立即通知运行人员,以便及时处理。

10.6　工作前应做好准备,了解工作地点、工作范围、一次设备及二次设备运行情况、安全措施、试验方案、上次试验记录、图纸、整定值通知单是否齐备并符合实际,检查仪器、仪表等试验设备是否完好,核对微机保护及安全自动装置的软件版本号等是否符合实际。

10.7　现场工作开始前,应检查已做的安全措施是否符合要求,运行设备和检修设备之间的隔离措施是否正确完成,工作时还应仔细核对检修设备名称,严防走错位置。

10.8　在全部或部分带电的运行屏(柜)上进行工作时,应将检修设备与运行设备前后以明显的标志隔开。

10.9　在继电保护装置、安全自动装置及自动化监控系统屏(柜)上或附近进行打眼等振动较大的工作时,应采取防止运行中设备误动作的措施,必要时向调度申请,经值班调度员或运行值班负责人同意,将保护暂时停用。

10.10　在继电保护、安全自动装置及自动化监控系统屏间的通道上搬运或安放试验设备时,不能阻塞通道,要与运行设备保持一定距离,防止事故处理时通道不畅,防止误碰运行设备,造成相关运行设备继电保护误动作。清扫运行设备和二次回路时,要防止振动,防止误碰,要使用绝缘工具。

10.11　继电保护、安全自动装置及自动化监控系统做传动试验或一次通电时,应通知运行人员和有关人员,并由工作负责人或由他指派专人到现场监视,方可进行。

10.12　所有电流互感器和电压互感器的二次绕组应有一点且仅有一点永久性的、可靠的保护接地。

10.13　在带电的电流互感器二次回路上工作时,应采取下列安全措施:

10.13.1　严禁将电流互感器二次侧开路;

10.13.2　短路电流互感器二次绕组,应使用短路片或短路线,严禁用导线缠绕;

10.13.3　在电流互感器与短路端子之间导线上进行任何工作,应有严格的安全措施,并填用"二次工作安全措施票"。必要时申请停用有关保护装置、安全自动装置或自动化监控系统;

10.13.4　工作中严禁将回路的永久接地点断开;

10.13.5　工作时,应有专人监护,使用绝缘工具,并站在绝缘垫上。

10.14　在带电的电压互感器二次回路上工作时,应采取下列安全措施:

10.14.1　严格防止短路或接地。应使用绝缘工具,戴手套。必要时,工作前申请停用有关保护装置、安全自动装置或自动化监控系统;

10.14.2　接临时负载,应装有专用的隔离开关(刀闸)和熔断器;

10.14.3　工作时应有专人监护,严禁将回路的安全接地点断开。

10.15　二次回路通电或耐压试验前,应通知运行人员和有关人员,并派人到现场看守,检查二次回路及一次设备上确无人工作后方可加压。

电压互感器的二次回路通电试验时,为防止由二次侧向一次侧反充电,除应将二次回路断开外,还应取下电压互感器高压熔断器或断开电压互感器一次隔离开关(刀闸)。

10.16　检验继电保护、安全自动装置、自动化监控系统和仪表的工作人员,不准对运行中的设备、信号系统、保护连接片进行操作,但在取得运行人员许可并在检修工作盘两侧断路器(开关)把手上采取防误操作措施后,可拉合检修断路器(开关)。

10.17　试验用闸刀应有熔丝并带罩,被检修设备及试验仪器禁止从运行设备上直接取试验电源,熔丝配合要适当,要防止越级熔断总电源熔丝。试验接线要经第二人复查后,方可通电。

10.18 继电保护装置、安全自动装置和自动化监控系统的二次回路变动时,应按经审批后的图纸进行,无用的接线应隔离清楚,防止误拆或产生寄生回路。

10.19 试验工作结束后,按"二次工作安全措施票"逐项恢复同运行设备有关的接线,拆除临时接线,检查装置内无异物,屏面信号及各种装置状态正常,各相关连接片及切换开关位置恢复至工作许可时的状态。

11 电气试验

11.1 高压试验

11.1.1 高压试验应填用变电站(发电厂)第一种工作票。

在一个电气连接部分同时有检修和试验时,可填用一张工作票,但在试验前应得到检修工作负责人的许可。

在同一电气连接部分,高压试验工作票发出时,应先将已发出的检修工作票收回,禁止再发出第二张工作票。如果试验过程中,需要检修配合,应将检修人员填写在高压试验工作票中。

如加压部分与检修部分之间的断开点,按试验电压有足够的安全距离,并在另一侧有接地短路线时,可在断开点的一侧进行试验,另一侧可继续工作。但此时在断开点应挂有"止步,高压危险!"的标示牌,并设专人监护。

11.1.2 高压试验工作不得少于两人。试验负责人应由有经验的人员担任,开始试验前,试验负责人应向全体试验人员详细布置试验中的安全注意事项,交代邻近间隔的带电部位,以及其他安全注意事项。

11.1.3 因试验需要断开设备接头时,拆前应做好标记,接后应进行检查。

11.1.4 试验装置的金属外壳应可靠接地;高压引线应尽量缩短,并采用专用的高压试验线,必要时用绝缘物支持牢固。

试验装置的电源开关,应使用明显断开的双极刀闸。为了防止误合刀闸,可在刀刃上加绝缘罩。

试验装置的低压回路中应有两个串联电源开关,并加装过载自动跳闸装置。

11.1.5 试验现场应装设遮拦或围栏,遮拦或围栏与试验设备高压部分应有足够的安全距离,向外悬挂"止步,高压危险!"的标示牌,并派人看守。被试设备两端不在同一地点时,另一端还应派人看守。

11.1.6 加压前应认真检查试验接线,使用规范的短路线,表计倍率、量程、调压器零位及仪表的开始状态均正确无误,经确认后,通知所有人员离开被试设备,并取得试验负责人许可,方可加压。加压过程中应有人监护并呼唱。

高压试验工作人员在全部加压过程中,应精力集中,随时警戒异常现象发生,操作人应站在绝缘垫上。

11.1.7 变更接线或试验结束时应首先断开试验电源、放电,并将升压设备的高压部分放电、短路接地。

11.1.8 未装接地线的大电容被试设备,应先行放电再做试验。高压直流试验时,每告一段落或试验结束时,应将设备对地放电数次并短路接地。

11.1.9　试验结束时,试验人员应拆除自装的接地短路线,并对被试设备进行检查,恢复试验前的状态,经试验负责人复查后,进行现场清理。

11.1.10　变电站、发电厂升压站发现有系统接地故障时,禁止进行接地网接地电阻的测量。

11.1.11　特殊的重要电气试验应有详细的安全措施,并经单位主管生产的领导(总工程师)批准。

11.2　使用携带型仪器的测量工作

11.2.1　使用携带型仪器在高压回路上进行工作,至少由两人进行。需要高压设备停电或做安全措施的,应填用变电站(发电厂)第一种工作票。

11.2.2　除使用特殊仪器外,所有使用携带型仪器的测量工作,均应在电流互感器和电压互感器的二次侧进行。

11.2.3　电流表、电流互感器及其他测量仪表的接线和拆卸,需要断开高压回路者,应将此回路所连接的设备和仪器全部停电后,方能进行。

11.2.4　电压表、携带型电压互感器和其他高压测量仪器的接线和拆卸无须断开高压回路者,可以带电工作。但应使用耐高压的绝缘导线,导线长度应尽可能缩短,不准有接头,并应连接牢固,以防接地和短路。必要时用绝缘物加以固定。

使用电压互感器进行工作时,先应将低压侧所有接线接好,然后用绝缘工具将电压互感器接到高压侧。工作时应戴手套和护目眼镜,站在绝缘垫上,并应有专人监护。

11.2.5　连接电流回路的导线截面,应适合所测电流数值。连接电压回路的导线截面不得小于 1.5 m^2。

11.2.6　非金属外壳的仪器,应与地绝缘,金属外壳的仪器和变压器外壳应接地。

11.2.7　测量用装置必要时应设遮拦或围栏,并悬挂"止步,高压危险!"的标示牌。仪器的布置应使工作人员距带电部位不小于附表3.1规定的安全距离。

11.3　使用钳形电流表的测量工作

11.3.1　运行人员在高压回路上使用钳形电流表的测量工作,应由两人进行。非运行人员测量时,应填用变电站(发电厂)第二种工作票。

11.3.2　在高压回路上测量时,严禁用导线从钳形电流表另接表计测量。

11.3.3　测量时若需拆除遮拦,应在拆除遮拦后立即进行。工作结束,应立即将遮拦恢复原状。

11.3.4　使用钳形电流表时,应注意钳形电流表的电压等级。测量时戴绝缘手套,站在绝缘垫上,不得触及其他设备,以防短路或接地。观测表计时,要特别注意保持头部与带电部分的安全距离。

11.3.5　测量低压熔断器(保险)和水平排列低压母线电流时,测量前应将各相熔断器(保险)和母线用绝缘材料加以包护隔离,以免引起相间短路,同时应注意不得触及其他带电部分。

11.3.6　在测量高压电缆各相电流时,电缆头线间距离应在 300 mm 以上,且绝缘良好,测量方便者,方可进行。当有一相接地时,严禁测量。

11.3.7 钳形电流表应保存在干燥的室内,使用前要擦拭干净。

11.4 使用兆欧表测量绝缘的工作

11.4.1 使用兆欧表测量高压设备绝缘,应由两人进行。

11.4.2 测量用的导线,应使用相应的绝缘导线,其端部应有绝缘套。

11.4.3 测量绝缘时,应将被测设备从各方面断开,验明无电压,确实证明设备无人工作后,方可进行。在测量中禁止他人接近被测设备。在测量绝缘前后,应将被测设备对地放电。测量线路绝缘时,应取得许可并通知对侧后方可进行。

11.4.4 在有感应电压的线路上测量绝缘时,应将相关线路同时停电,方可进行。雷电时,严禁测量线路绝缘。

11.4.5 在带电设备附近测量绝缘电阻时,测量人员和兆欧表安放位置,应选择适当,保持安全距离,以免兆欧表引线或引线支持物触碰带电部分。移动引线时,应注意监护,防止工作人员触电。

12 电力电缆工作

12.1 电力电缆工作的基本要求

12.1.1 工作前应详细核对电缆标志牌的名称与工作票所填写的相符,安全措施正确可靠后,方可开始工作。

12.1.2 填用电力电缆第一种工作票的工作应经调度的许可,填用电力电缆第二种工作票的工作可不经调度的许可。若进入变配电站、发电厂工作,都应经当值运行人员许可。

12.1.3 电力电缆设备的标志牌要与电网系统图、电缆走向图和电缆资料的名称一致。

12.1.4 变配电站的钥匙与电力电缆附属设施的钥匙应专人严格保管,使用时要登记。

12.2 电力电缆作业时的安全措施

12.2.1 电缆施工的安全措施:

12.2.1.1 电缆直埋敷设施工前应先查清图纸,再开挖足够数量的样洞和样沟,摸清地下管线分布情况,以确定电缆敷设位置及确保不损坏运行电缆和其他地下管线。

12.2.1.2 为防止损伤运行电缆或其他地下管线设施,在城市道路红线范围内不应使用大型机械来开挖沟槽,硬路面面层破碎可使用小型机械设备,但应加强监护,不得深入土层。若要使用大型机械设备时,应履行相应的报批手续。

12.2.1.3 掘路施工应具备相应的交通组织方案,做好防止交通事故的安全措施。施工区域应用标准路栏等严格分隔,并有明显标记,夜间施工人员应佩带反光标志,施工地点应加挂警示灯,以防行人或车辆等误入。

12.2.1.4 沟槽开挖深度达到1.5 m及以上时,应采取措施防止土层塌方。

12.2.1.5 沟槽开挖时,应将路面铺设材料和泥土分别堆置,堆直处和沟槽应保留通道供施工人员正常行走。在堆置物堆起的斜坡上不得放置工具材料等器物,以免滑入沟槽损伤施工人员或电缆。

12.2.1.6 挖到电缆保护板后,应由有经验的人员在场指导,方可继续进行,以免误伤电缆。

12.2.1.7 挖掘出的电缆或接头盒,如下面需要挖空时,应采取悬吊保护措施。电缆悬吊应每 1~1.5m 吊一道;接头盒悬吊应平放,不得使接头盒受到拉力;若电缆接头无保护盒,则应在该接头下垫上加宽加长木板,方可悬吊。电缆悬吊时,不得用铁丝或钢丝等,以免损伤电缆护层或绝缘。

12.2.1.8 移动电缆接头一般应停电进行。如必须带电移动,应先调查该电缆的历史记录,由有经验的施工人员,在专人统一指挥下,平正移动,以防止损伤绝缘。

12.2.1.9 锯电缆以前,应与电缆走向图图纸核对相符,并使用专用仪器(如感应法)确切证实电缆无电后,用接地的带绝缘柄的铁钎钉入电缆芯后,方可工作。扶绝缘柄的人应戴绝缘手套并站在绝缘垫上。

12.2.1.10 开启电缆井井盖、电缆沟盖板及电缆隧道人孔盖时应使用专用工具,同时注意所立位置,以免滑脱后伤人。开启后应设置标准路栏围起,并有人看守。工作人员撤离电缆井或隧道后,应立即将井盖盖好,以免行人碰盖后摔跌或不慎跌入井内。

12.2.1.11 电缆隧道应有充足的照明,并有防火、防水、通风的措施。电缆井内工作时,禁止只打开一只井盖(单眼井除外)。进入电缆井、电缆隧道前,应先用吹风机排除浊气,再用气体检测仪检查井内或隧道内的易燃易爆及有毒气体的含量是否超标,并做好记录。电缆沟的盖板开启后,应自然通风一段时间后方可下井沟工作。电缆井、隧道内工作时,通风设备应保持常开,以保证空气流通。

12.2.1.12 充油电缆施工应做好电缆油的收集工作,对散落在地面上的电缆油要立即覆上黄沙或砂土,及时清除,以防行人滑跌和车辆滑倒。

12.2.1.13 在 10 kV 跌落式熔断器与 10 kV 电缆头之间,宜加装过渡连接装置,使工作时能与跌落式熔断器上桩头有电部分保持安全距离。在 10 kV 跌落式熔断器上桩头有电的情况下,未采取安全措施前,不得在跌落式熔断器下桩头新装、调换电缆尾线或吊装、搭接电缆终端头。如必须进行上述工作,则应采用专用绝缘罩隔离,在下桩头加装接地线。工作人员站在低位,伸手不得超过跌落式熔断器下桩头,并设专人监护。

上述加绝缘罩的工作应使用绝缘工具。雨天禁止进行以上工作。

12.2.1.14 使用携带型火炉或喷灯时,火焰与带电部分的距离:电压在 10 kV 及以下者,不得小于 1.5 m;电压在 10 kV 以上者,不得小于 3 m。不得在带电导线、带电设备、变压器、油断路器(开关)附近以及在电缆夹层、隧道、沟洞内对火炉或喷灯加油及点火。

12.2.1.15 制作环氧树脂电缆头和调配环氧树脂工作过程中,应采取有效的防毒和防火措施。

12.2.1.16 电缆施工完成后应将穿越过的孔洞进行封堵,以达到防水或防火的要求。

12.2.1.17 非开挖施工的安全措施:

1)采用非开挖技术施工前,应先探明地下各种管线及设施的相对位置;

2)非开挖的通道,应离开地下各种管线及设施足够的安全距离;

3)通道形成的同时,应及时对施工的区域进行灌浆等措施,防止路基的沉降。

12.2.2 电力电缆线路试验安全措施:

12.2.2.1 电力电缆试验要拆除接地线时,应征得工作许可人的许可(根据调度员指令装设的接地线,应征得调度员的许可),方可进行。工作完毕后立即恢复。

12.2.2.2 电缆耐压试验前,加压端应做好安全措施,防止人员误入试验场所。另一端应挂上警告牌。如另一端是上杆的或是锯断电缆处,应派人看守。

12.2.2.3 电缆的试验过程中,更换试验引线时,应先对设备充分放电,作业人员应戴好绝缘手套。

12.2.2.4 电缆耐压试验分相进行时,另两相电缆应接地。

12.2.2.5 电缆试验结束,应对被试电缆进行充分放电,并在被试电缆上加装临时接地线,待电缆尾线接通后才可拆除。

12.2.2.6 电缆故障声测定点时,禁止直接用手触摸电缆外皮或冒烟小洞,以免触电。

13 一般安全措施

13.1 任何人进入生产现场(办公室、控制室、值班室和检修班组室除外),应戴安全帽。

13.2 工作场所的照明,应该保证足够的亮度。在操作盘、重要表计、主要楼梯、通道、调度室、机房、控制室等地点,还应设有事故照明。

13.3 变、配电站及发电厂遇有电气设备着火时,应立即将有关设备的电源切断,然后进行救火。消防器材的配备、使用、维护,消防通道的配置等应遵守《电力设备典型消防规程》(DL 5027—1993)的规定。

13.4 电气工具和用具应由专人保管,定期进行检查。使用时,应按有关规定接入漏电保护装置、接地线。使用前应检查电线是否完好,有无接地线,不合格的不准使用。

13.5 凡在离地面(坠落高度基准面)2 m 及以上的地点进行的工作,都应视作高处作业。

13.6 高处作业应使用安全带(绳),安全带(绳)使用前应进行检查,并定期进行试验。安全带(绳)应挂在牢固的构件上或专为挂安全带用的钢架或钢丝绳上,并不得低挂高用,禁止系挂在移动或不牢固的物件上[如避雷器、断路器(开关)、隔离开关(刀闸)、电流互感器、电压互感器等支持件上]。在没有脚手架或者在没有栏杆的脚手架上工作,高度超过 1.5 m 时,应使用安全带或采取其他可靠的安全措施。

13.7 高处作业应使用工具袋,较大的工具应固定在牢固的构件上,不准随便乱放,上下传递物件应用绳索拴牢传递,严禁上下抛掷。

13.8 在未做好安全措施的情况下,不准登在不坚固的结构上(如彩钢板屋顶)进行工作。

13.9 梯子应坚固完整,梯子的支柱应能承受作业人员及所携带的工具、材料攀登时的总质量,硬质梯子的横木应嵌在支柱上,梯阶的距离不应大于 40 cm,并在距梯顶 1 m 处设限高标志。梯子不宜绑接使用。

13.10 在户外变电站和高压室内搬动梯子、管子等长物,应两人放倒搬运,并与带电部分保持足够的安全距离。在变、配电站(开关站)的带电区域内或临近带电线路处,禁止使用金属梯子。

13.11 在带电设备周围严禁使用钢卷尺、皮卷尺和线尺(夹有金属丝者)进行测量工作。

附录4　各种工作票和抢修单

附录A　变电站(发电厂)第一种工作票

单位:＿＿＿＿＿＿＿＿＿＿＿＿＿＿＿＿　编号:＿＿＿＿＿＿＿

1.工作负责人(监护人)＿＿＿＿＿＿＿＿＿　班组:＿＿＿＿＿＿＿

2.工作班人员(不包括工作负责人)＿＿＿＿＿＿＿＿＿＿＿＿＿＿＿

＿＿＿＿＿＿＿＿＿＿＿＿＿＿＿＿＿＿＿＿＿＿＿＿共＿＿＿＿人。

3.工作的变、配电站名称及设备双重名称＿＿＿＿＿＿＿＿＿＿＿＿＿

＿＿＿＿＿＿＿＿＿＿＿＿＿＿＿＿＿＿＿＿＿＿＿＿＿＿＿＿＿＿。

4.工作任务

工作地点及设备双重名称	工作内容

5.计划工作时间

自＿＿＿年＿＿月＿＿日＿＿时＿＿分至＿＿＿年＿＿月＿＿日＿＿时＿＿分。

6.安全措施(必要时可附页绘图说明)

应拉断路器(开关)、隔离开关(刀闸)	已执行＊
应装接地线、应合接地刀闸(注明确实地点、名称及接地线编号＊)	已执行＊
应设遮拦、应挂标示牌及防止二次回路误碰等措施	已执行＊

注:＊已执行栏日及接地线编号由工作许可人填写。

工作地点保留带电部分或注意事项 （由工作票签发人填写）	补充工作地点保留带电部分和安全措施 （由工作许可人填写）

工作票签发人签名_____　　签发日期：_____年___月___日___时___分。

7.收到工作票时间_____年___月___日___时___分。

运行值班人员签名：_____　　工作负责人签名：_____

编号_____

8.确认本工作票 1～7 项

工作负责人签名：_____　　工作许可人签名：_____

许可开始工作时间：_____年___月___日___时___分。

9.确认工作负责人布置的工作任务和安全措施

工作班组人员签名：_____

_____

_____。

10.工作负责人变动情况

原工作负责人：_____离去，变更_____为工作负责人。

工作票签发人签名：_____　　_____年___月___日___时___分。

11.工作人员变动情况（变动人员姓名、日期及时间）

_____

_____。

工作负责人签名：_____

12.工作票延期

有效期延长到_____年___月___日___时___分。

工作负责人签名：_____　　_____年___月___日___时___分。

工作许可人签名：_____　　_____年___月___日___时___分。

13.每日开工和收工时间（使用一天的工作票不用填写）

收工时间				工作 负责人	工作 许可人	开工时间				工作 许可人	工作 负责人
月	日	时	分			月	日	时	分		

14. 工作终结

全部工作于_____年____月____日____时____分结束,设备及安全措施已恢复至开工前状态,工作人员已全部撤离,材料工具已清理完毕,工作已终结。

工作负责人签名:_____　　工作许可人签名:_____

15. 工作票终结

临时遮拦、标示牌已拆除,常设遮拦已恢复。未拆除或未拉开的接地线编号_____等共组、接地刀闸(小车)共_____副(台),已汇报调度值班员。

工作许可人签名:_____　　_____年____月____日____时____分。

16. 备注

(1)指定专责监护人:_____　　负责监护:_____

_____(地点及具体工作)。

(2)其他事项_____

_____。

附录 B　电力电缆第一种工作票

单位:_____　　编号:_____

1. 工作负责人(监护人):_____　　班组:_____

2. 工作班人员(不包括工作负责人)

_____

_____

_____共_____人。

3. 电力电缆双重名称_____。

4. 工作任务

工作地点或地段	工作内容

5.计划工作时间

自_____年___月___日___时___分至_____年___月___日___时___分。

6.安全措施(必要时可附页绘图说明)

(1)应拉开的设备名称、应装设绝缘隔板

变、配电站 或线路名称	应拉开的断路器(开关)、隔离开关(刀闸)、熔断器以及 应装设的绝缘隔板(注明设备双重名称)	执行人	已执行

(2)应合接地刀闸或应装接地线

接地刀闸双重名称和接地线装设地点	接地线编号	执行人

(3)应设遮拦,应挂标示牌

(4)工作地点保留带电部分或注意事项 (由工作票签发人填写)	(5)补充工作地点保留带电部分和安全措施 (由工作许可人填写)

工作票签发人签名：＿＿＿＿＿＿　　签发日期：＿＿＿＿年＿＿月＿＿日＿＿时＿＿分。

7. 确认本工作票1~6项

工作负责人签名：＿＿＿＿＿＿

8. 补充安全措施

＿＿＿＿＿＿＿＿＿＿＿＿＿＿＿＿＿＿＿＿＿＿＿＿＿＿＿＿＿＿＿＿＿＿＿＿＿＿

＿＿＿＿＿＿＿＿＿＿＿＿＿＿＿＿＿＿＿＿＿＿＿＿＿＿＿＿＿＿＿＿＿＿＿＿。

工作负责人签名：＿＿＿＿＿＿

9. 工作许可

(1)在线路上的电缆工作

工作许可人＿＿＿＿＿＿用＿＿＿＿＿＿方式许可。

自＿＿＿＿年＿＿月＿＿日＿＿时＿＿分起开始工作。

工作负责人签名：＿＿＿＿＿＿

(2)在变电站或发电厂内的电缆工作

安全措施项所列措施中＿＿＿＿＿＿(变、配电站/发电厂)部分已执行完毕。

工作许可时间＿＿＿＿年＿＿月＿＿日＿＿时＿＿分。

工作许可人签名：＿＿＿＿＿＿　　工作负责人签名：＿＿＿＿＿＿

10. 确认工作负责人布置的工作任务和安全措施

工作班组人员签名：

＿＿＿＿＿＿＿＿＿＿＿＿＿＿＿＿＿＿＿＿＿＿＿＿＿＿＿＿＿＿＿＿＿＿＿＿＿＿

＿＿＿＿＿＿＿＿＿＿＿＿＿＿＿＿＿＿＿＿＿＿＿＿＿＿＿＿＿＿＿＿＿＿＿＿。

11. 每日开工和收工时间(使用一天的工作票不必填写)

收工时间				工作负责人	工作许可人	开工时间				工作许可人	工作负责人
月	日	时	分			月	日	时	分		

12. 工作票延期

有效期延长到＿＿＿＿＿＿年＿＿月＿＿日＿＿时＿＿分

工作负责人签名：＿＿＿＿＿＿　　＿＿＿＿年＿＿月＿＿日＿＿时＿＿分

工作许可人签名：＿＿＿＿＿＿　　＿＿＿＿年＿＿月＿＿日＿＿时＿＿分

13. 工作负责人变动

原工作负责人：＿＿＿＿＿＿离去,变更＿＿＿＿＿＿为工作负责人

工作票签发人：＿＿＿＿＿＿　　＿＿＿＿年＿＿月＿＿日＿＿时＿＿分

14. 工作人员变动（变动人员姓名、日期及时间）

_____

_____

_____

工作负责人签名：_____

15. 工作终结

（1）在线路上的电缆工作

工作人员已全部撤离，材料工具已清理完毕，工作已终结；所装的工作接地线共____副已全部拆除，于_____年___月___日___时____分工作负责人向工作许可人_____用_____方式汇报。

工作负责人签名：_____

（2）在变、配电站或发电厂内的电缆工作

在_____（变、配电站/发电厂）工作于_____年___月___日___时____分结束，设备及安全措施已恢复至开工前状态，工作人员已全部撤离，材料工具已清理完毕。

工作负责人签名：_____ 工作许可人签名：_____

16. 工作票终结

临时遮拦、标示牌已拆除，常设遮拦已恢复；未拆除或未拉开的接地线编号_____等共_____组、接地刀闸共____副（台），已汇报调度。

工作许可人签名：_____

17. 备注

（1）指定专责监护人_____负责监护_____

_____（地点及具体工作）。

（2）其他事项_____

_____

_____。

附录 C　变电站（发电厂）第二种工作票

单位：_____ 编号：_____

1. 工作负责人（监护人）：_____ 班组：_____

2. 工作班人员（不包括工作负责人）_____

_____ 共_____人。

3. 工作的变、配电站名称及设备双重名称_____

_____。

4. 工作任务

工作地点或地段	工作内容

5. 计划工作时间

自_____年____月____日____时____分至_____年____月____日____时____分。

6. 工作条件(停电或不停电,或邻近及保留带电设备名称)

_____

_____。

7. 注意事项(安全措施)_____

_____

_____。

工作票签发人签名:_____　签发日期:_____年____月____日____时____分。

8. 补充安全措施(工作许可人填写)

_____

_____

_____。

9. 确认本工作票1～8项

工作负责人签名:_____　工作许可人签名:_____

许可开始工作时间_____年____月____日____时____分。

10. 确认工作负责人布置的工作任务和安全措施

工作班组人员签名:_____

_____

_____。

11. 工作票延期

有效期延长到_____年____月____日____时____分

工作负责人签名:_____　_____年____月____日____时____分

工作许可人签名:_____　_____年____月____日____时____分

12. 工作票终结

全部工作于_____年____月____日____时____分结束,工作人员已全部撤离,材料工具已清理完毕。

工作负责人签名:_____　_____年____月____日____时____分

工作许可人签名:_____　_____年____月____日____时____分

13. 备注

_____

_____

_____。

附录 D　电力电缆第二种工作票

单位：_____　编号：_____

1. 工作负责人(监护人)：_____　班组：_____

2. 工作班人员（不包括工作负责人）

_____

_____共_____人。

3. 工作任务

电力电缆双重名称	工作地点或地段	工作内容

4. 计划工作时间

自_____年___月___日___时____分至_____年___月日___时分。

5. 工作条件和安全措施

_____

_____。

工作票签发人签名：_____　签发日期：_____年___月___日___时___分。

6. 确认本工作票 1~5 项

工作负责人签名：_____

7. 补充安全措施(工作许可人填写)

_____

_____。

8. 工作许可

（1）在线路上的电缆工作

工作开始时间_____年___月___日___时___分。

工作负责人签名：_____

（2）在变电站或发电厂内的电缆工作：

安全措施项所列措施中_____（变配电站/发电厂）部分,已执行完毕;

许可自_____年___月___日___时___分起开始工作。

工作许可人签名：_____　工作负责人签名：_____

9. 确认工作负责人布置的工作任务和安全措施

工作班人员签名：

_____

_____

_____。

10. 工作票延期

有效期延长到_____年___月___日___时___分

工作负责人签名：_____　　　年___月___日___时___分

工作许可人签名：_____　　　年___月___日___时___分

11. 工作票终结

（1）在线路上的电缆工作

工作结束时间_____年___月___日___时___分,

工作负责人签名：_____

（2）在变配电站或发电厂内的电缆工作

在_____（变配电站/发电厂）工作于_____年___月___日___时___分结束,工作人员已全部退出,材料工具已清理完毕。

工作负责人签名：_____　工作许可人签名：_____

12. 备注

_____

_____

_____。

附录 E　变电站（发电厂）带电作业工作票

单位：_____　　编号：_____

1. 工作负责人（监护人）：_____　班组：_____

2. 工作班人员（不包括工作负责人）

_____共_____人。

3. 工作的变、配电站名称及设备双重名称

_____

4. 工作任务

工作地点或地段	工作内容

5. 计划工作时间

自_____年____月____日____时分至_____年____月____日____时_____分。

6. 工作条件(等电位、间电位或地电位作业或邻近带电设备名称)

_____。

7. 注意事项(安全措施)

_____

_____。

工作票签发人签名：_____ 签发日期_____年____月____日时____分

8. 确认本工作票 1 ~ 7 项

工作负责人签名：_____

9. 指定_____为专责监护人 专责监护人签名：_____

10. 补充安全措施(工作许可人填写)

_____

_____。

11. 许可工作时间 _____年____月____日____时____分 。

工作许可人签名：_____ 工作负责人签名：_____

12. 确认作负责人布置的工作任务和安全措施

工作班组人员签名：

_____

13. 工作票终结

全部工作于_____年____月____日____时____分结束,工作人员已全部撤离,材料工具已清理完毕。

工作负责人签名：_____ 工作许可人签名：_____

14. 备注

_____

_____。

附录 F　变电站事故应急抢修单

单位：_____　　　编号：_____

1. 抢修工作负责人（监护人）：_____　班组：_____

2. 抢修班人员（不包括抢修工作负责人）

_____

_____

_____共_____人。

3. 抢修任务（抢修地点和抢修内容）

_____

_____

_____。

4. 安全措施

_____

_____

_____。

5. 抢修地点保留带电部分或注意事项

_____

_____

_____。

6. 上述 1～5 项由抢修工作负责人_____根据抢修任务布置人_____的布置填写。

7. 经现场勘察需补充下列安全措施

_____

_____

_____。

经许可人（调度/运行人员）_____同意（____月___日___时___分）后，已执行。

编号_____

8. 许可抢修时间_____年___月___日___时___分

许可人（调度/运行人员）：_____

9. 抢修结束汇报

本抢修工作于_____年_____月_____日_____时_____分结束。

现场设备状况及保留安全措施：

_____

_____

_____。

抢修班人员已全部撤离，材料工具已清理完毕，事故应急抢修单已终结。

抢修工作负责人：_____　许可人（调度/运行人员）：_____

填写时间_____年___月___日___时___分

附录 G 带电作业高架绝缘斗臂车电气试验标准表

带电作业高架绝缘斗臂车电气试验标准表

电压等级/kV	试验部件	试验项目、标准					备注
		交接试验		预防性试验			
		工频耐压	泄漏电流	工频耐压	泄漏电流	沿面放电	
各级电压	单层作业	50 kV 1 min	—	45 kV 1 min	—	—	斗浸水中高出水面200 mm
	作业斗内斗	50 kV 1 min	—	45 kV 1 min	—	—	
	作业斗外斗	20 kV 1 min		—	0.4 m 20 kV ≤0.2 mA	0.4 m 45 kV 1 min	泄漏电流试验为沿面试验
	液压油	油杯:2.5 mm 电极,6 次试验平均击穿电压≥20 kV,任一单独击穿电压≥10 kV					更换、添加的液压油应试验合格
10	上臂（主臂）	0.4 m 50 kV 1 min	—	0.4 m 45 kV 1 min	—	—	耐压试验为整车试验,但在绝缘臂上应增设试验电极
	下臂（套筒）	50 kV 1 min	—	45 kV 1 min	—	—	
	整车	—	1.0 m 20 kV ≤0.5 mA	—	1.0 m 20 kV ≤0.5 mA	—	在绝缘臂上增设试验电极
35	上臂（主臂）	0.6 m 105 kV 1 min	—	0.6 m 95 kV 1 min	—	—	耐压试验为整车试验,但在绝缘臂上应增设试验电极
	下臂（套筒）	50 kV 1 min	—	45 kV 1 min	—	—	
	整车	—	1.5 m 70 kV ≤0.5 mA	—	1.5 m 70 kV ≤0.5 mA	—	在绝缘臂上增设试验电极

电压等级/kV	试验部件	试验项目、标准					备 注
		交接试验		预防性试验			
		工频耐压	泄漏电流	工频耐压	泄漏电流	沿面放电	
63	上臂（主臂）	0.7 m 175 kV 1 min	—	0.7 m 175 kV 1 min	—	—	耐压试验为整车试验,但在绝缘臂上应增设试验电极
	下臂（套筒）	50 kV 1 min	—	45 kV 1 min	—	—	
	整车	—	1.5 m 70 kV ≤0.5 mA	—	1.5 m 70 kV ≤0.5 mA	—	在绝缘臂上增设试验电极。同时,核对泄漏表
110	上臂（主臂）	1.0 m 250 kV 1 min	—	1.0 m 220 kV 1 min	—	—	耐压试验为整车试验,但在绝缘臂上应增设试验电极
	下臂（套筒）	50 kV 1 min	—	45 kV 1 min	—	—	
	整车	—	2.0 m 126 kV ≤0.5 mA	—	2.0 m 126 kV ≤0.5 mA	—	在绝缘臂上增设试验电极。同时,核对泄漏表
220	上臂（主臂）	1.8 m 450 kV 1 min	—	1.8 m 440 kV 1 min	—	—	耐压试验为整车试验,但在绝缘臂上应增设试验电极
	下臂（套筒）	50 kV 1 min	—	45 kV 1 min	—	—	
	整车	—	3.0 m 252 kV ≤0.5 mA	—	3.0 m 252 kV ≤0.5 mA	—	在绝缘臂上增设试验电极。同时,核对泄漏表

附录 H 二次工作安全措施票格式

单位:_____ 编号:_____

被试设备名称						
工作负责人		工作时间	月 日		签发人	

工作内容:

安全措施:包括应打开及恢复连接片、直流线、交流线、信号线、联锁线和联锁开关等,按工作顺序填用安全措施。

序号	执行	安全措施内容	恢复

执行人: 监护人: 恢复人: 监护人:

参考文献

［1］苏景军,薛婉瑜.安全用电［M］.北京:中国水利水电出版社,2004.

［2］黄兰英.电力安全作业［M］.北京:中国电力出版社,2011.

［3］陈家斌.电力生产安全技术及管理［M］.北京:中国水利水电出版社,2003.

［4］谈文华,万载扬.实用电气安全技术［M］.北京:机械工业出版社,1998.

［5］章长东.工业与民用电气安全［M］.北京:中国电力出版社,1996.